Automobile Marketing

Entry Generation and Evolution of a Car

自動車マーケティング

エントリー世代とクルマの進化

Yoshikawa Masahiro

吉川勝広

［著］

同文舘出版

はじめに

ドイツで発明された自動車がアメリカで産業となり，世界に拡大して130年。1980年代までアメリカ，日本，ヨーロッパを主市場として拡大してきた。それが2000年代になって市場再編が進み，販売台数1,000万台の中国，アメリカ，400万台の日本，300万台のドイツ，それにイギリス，イタリア，フランスの各国200万台市場が続き，低迷する日本，ヨーロッパとは対照的に新たにインド，ブラジル市場が拡大してきた。市場はアジア，南米が主市場へと変わりつつある。

一方，社会のIT（情報技術）化も進行している。スマートフォンに代表される情報端末が普及し，これらを使った新たなマーケティング戦略が模索されている。情報通信網の整備により，これらを使った情報サービスが開始され始めた。メーカーはこれらを活用することで，自動車本来の移動手段としての役割に加え，新たに動く情報端末としての機能も持たせようとしているように思われる。

メーカーも顧客のニーズに合わせるため，ガソリンエンジン車に加え，ハイブリッド車，ディーゼル車，高級車と製品ラインを拡張し市場に対応してきた。ところが，2010年代になって国内市場が低迷する。この状況は国内市場において安定した販売台数，シェア，製品開発，技術基盤も整っていたトヨタでさえも揺るがし始めた。これにより，海外市場で収益を上げるためのマーケティングが必要となった。

国内市場低迷要因の１つと考えられるのが少子高齢化である。高齢化するに伴い自動車購買頻度は減少していく。この減少分を補完するだけの新規顧客が見込めなくなってきている。また若者人口が集中する都市部では，公共交通機関が整備され，移動に不便はない。そこで，トヨタなどは若者層に運転免許を取得するよう促すところから始め，免許を取得したらクルマを購入するように仕向ける戦略に出ているのである。

その若者層が自動車に興味を示さなくなりつつあるといえば語弊があるが，現代を生きる彼らにとって，限られたお金をどう使うかと考えたとき，クルマの優先順位が上位ではなくなってきている。自動車工業会も18歳から24歳までを「エントリー世代」と定義し，彼らを自動車に振り向かせる必要があるとして危機感を示している。

これらの変化に対して日本における自動車マーケティング研究は，十分な考察がなされてきただろうか。国内の先行研究は下川（1971・1972）『米国自動車産業経営史序説（上）（下）』，井上（1982・1991）『GMの研究』『GM』のようにアメリカ自動車産業研究から始まり，浅沼（1986）『情報ネットワークと企業間関係』を経て，塩地・キーリー（1994）『自動車ディーラーの日米比較』，塩地（2002）『自動車流通の国際比較』へと変化してきた。それが塩地・孫・西川（2007）『転換期の中国自動車流通』，上山編（2009）『調整期突入！　巨大化する中国自動車産業』のように研究対象が中国へと移ってきている。

筆者は1990年代から2010年代にかけて起きた市場変化，特に日本市場を再考する必要があると考えている。そこで，本書ではこれらの先行研究を踏まえ，インターネットが普及し始めた1990年代の環境変化から考察を始めることにしたい。この環境変化は顧客層の購入前情報収集を常態化し，そのデータを持って商談にのぞむといったように消費者行動をも変化させてしまったからである。

筆者はこれにいち早く対応したのがマツダだと考えている。マツダはオプションを取り付けた車のイメージをウェブ上で確認できるウェブチューンファクトリーを他社に先がけ立ち上げた。その後，他メーカーから追随されるが，マツダの市場変化に即応した先駆的取組みは１つの指標として評価すべきである。そこで，第１章ではマツダのウェブチューンファクトリーを事例に，メーカーがインターネットをどのように使おうとしているのか，その効果と方向性について考察を行った。

次に，2000年代になって起こった変化として，国産高級車ブランド市場の展開について考えていきたい。これまで国内では幅広い顧客層に対応するために，1つのディーラーで緩やかなフルラインがとられていた。それが2005年のレクサス投入で新たな高級車市場が構築され始めた。レクサスは差別化を明確にするため，広告，ディーラー，サービスに至るまで新たな手法を展開していく。第2章ではレクサスを事例に，国内高級車市場開拓とそのブランド戦略について考察している。

マーケティングの変化だけでなく，国内インフラにも変化が生じた。国内では1960年代から道路網整備がなされてきたが，それに加え1990年代になって行政を中心にITS（Intelligent Transport Systems）環境が整備され，AHS（Advanced Cruise-Assist Highway Systems），VICS（Vehicle Information and Communication System）の全国的整備が行われた。これで各メーカーはVICSを使い渋滞情報を把握することが可能になり，カーナビゲーションで渋滞を避けたルート案内が可能になった。メーカーはこれらを付加価値として活用するようになっていく。第3章ではトヨタ，ホンダを事例に，各メーカーがITSをどのように活用し，差別化を図ろうとしているのかを考察している。特には，ホンダはプローブ情報と呼ばれる独自に蓄積したデータをVICS渋滞情報に加味し，渋滞を回避する情報サービスで差別化を図っていることが明確になった。

国内市場において大きな問題なのは，やはりエントリー世代（主に大学生）の自動車への関心の薄さであろう。特に関東，東海，関西の大都市圏で公共交通インフラが整備された地域に住む，彼らのクルマ離れが顕著である。現状，日本の景気も思うように回復せず，消費税だけは上げる方向で検討されている。若者層の親世代も雇用が安定しているとはいい難い。経済的背景も視野に入れなければならない。潜在顧客であるエントリー世代のクルマに対する関心低下は将来の市場縮小を招きかねない。彼らの興味はクルマよりもスマートフォンへと移行し，無理して高額なクルマを購入しなくても家族との共有で十分という考え方に変わってきているのである。

メーカーは少しでも彼らの興味がクルマに向くようにディーラーとも連携し，ホームページ，フェイスブックなどのSNSを使って自動車の楽しさ，効用を発信している。第4章ではダイハツ，スズキを事例に，情報発信に差別化がみられるのかを考察するとともに，ダイハツ「カフェプロジェクト」にみられるディーラー店舗への入りやすさの取組みについても考察を行った。

都市部における自動車への関心低下に対して，地方では自動車は日常の足として必需品となっている。メーカーは，これら地方に住むエントリー世代から囲い込む必要がある。インターネットの普及で地域間情報格差は小さくなったとはいえ，地方には自動車の楽しさ，効用を直に感じることができるモーターショーのようなイベントが少ない。地方に住むエントリー世代はテレビCM，インターネット情報，口コミなどを手がかりに購入せざるをえない。第5章ではエントリー世代がどのように情報収集し購買に至るのか，また彼らが重視するのはどのようなことなのかを明らかにしている。

そして，メーカーはエントリー世代に振り向いてもらうためにはどのような方策が必要なのか。第6章では装備，技術，マーケティングに着目して，その方策を考察している。装備ではスマートフォンと接続すると，スマートフォン同様の操作ができるカーナビを事例にその効果と差別化を分析している。技術ではスバルアイサイト，マツダスカイアクティブを事例に，どのような差別化が行われているのかを分析した。マーケティング事例としては，トヨタがアニメの『機動戦士ガンダム』とコラボレーションしたシャア専用オーリスの取組みを取り上げた。エントリー世代をクルマに振り向かせるためには，これだけでは不十分である。ディーラーにおけるプロモーションも必要になってくる。その取組みとして，クルマ保有のわずらわしさを軽減する残高設定クレジット，アフターサービスパックが用意され，クルマ購入から次回購入までの関係性維持効果が画策されていた。

自動車マーケティングは，エントリー世代をさまざまな取組みによって，クルマに振り向かせ，興味を持たせ，クルマを保有する負担感を和らげることに重点が置かれるべきだと考えている。

なお，本書の刊行に当たり，熊本学園大学産業経営研究所の助成を受けることができた。この場を借りて謝意を表したい。

最後に出版事情の厳しい中，本書の出版をお引き受けいただいた同文舘出版の代表取締役中島治久氏，ならびに編集にご尽力いただいた専門書編集部の角田貴信氏の両氏に心から御礼申し上げたい。

2015年１月

吉川　勝広

◎目　次◎

はじめに …… i

第1章 マツダの戦略ツールとしてのインターネット

1 社会の変化 …… 2
2 自動車とインターネット …… 5
2-1 顧客ニーズとインターネット環境 5
2-2 メーカーのインターネット活用 7
3 マツダのウェブチューンファクトリー …… 10
3-1 マツダのインターネット活用 10
3-2 ウェブチューンファクトリー 17
4 マツダの先見性 …… 23

第2章 自動車のブランド化

1 2000年代の日本市場 …… 30
2 レクサスブランド …… 32
2-1 レクサスとは 32
2-2 高級車とは 35
3 レクサス日本へ …… 37
3-1 日本への参入 37
3-2 レクサスの販売 40
3-3 レクサスのマーケティング 44
4 ブランド化は成功したのか …… 49

第3章 ITSと自動車マーケティング

1 ITを使ったマーケティングの必要性 …… 56
2 日本市場の変化 …… 58
　2-1 情報化の進展 58
　2-2 ニーズの変化 64
3 ITSを使ったマーケティング …… 66
　3-1 トヨタのカーナビによる差別化戦略 66
　3-2 ホンダのITS活用 72
4 ITSマーケティングの有効性 …… 76

第4章 自動車エントリー世代を取り込むために

1 自動車エントリー世代 …… 80
2 情報ツール …… 82
　2-1 携帯電話 82
　2-2 カーナビ 83
3 流通戦略 …… 85
　3-1 モバイルという発想 85
　3-2 エントリー世代の特徴 87
　3-3 情報戦略 89
　3-4 製品戦略 94
　3-5 ディーラー 98
4 情報ツールを使ってエントリー世代を取り込むために …… 100

第5章　地方におけるメーカーのブランドイメージと顧客の情報収集

1 2000年代の市場変化……106
2 日本市場の現況……108
3 ブランドイメージとエントリー世代の情報収集……111
3-1　デジタルマーケティング　111
3-2　メーカーのブランドイメージ　114
3-3　エントリー世代の情報収集　121
4 情報とリレーションシップ……127

第6章　自動車エントリー世代を振り向かせるために

1 製品で振り向かせる……134
1-1　装備による差別化　134
1-2　技術による差別化　137
2 マーケティングで振り向かせる……144
2-1　クルマに興味を持たせる　144
2-2　ディーラーでの対応　149
3 おわりに……154

参考文献……159
索　引……167

自動車マーケティング

－エントリー世代とクルマの進化－

第1章

マツダの戦略ツールとしてのインターネット

1 社会の変化

2000年代になってブロードバンド環境が一変した。急速に普及したパソコン，携帯電話により，手軽にインターネットが利用できる環境になったことがその要因と考えられる。手軽に使えるようになったインターネットのメリットとはどのようなものであろうか。その１つとして考えられるのが低コストで情報発信できるようになったことではないだろうか。企業はこれまでも多くの情報を社会に向けて発信してきた。それがコストパフォーマンス向上という理由からインターネットを積極的に活用するようになってきた。

本章ではメーカーがマーケティング戦略ツールとして，インターネットをどのように活用しようとしているのか。また，どの程度有効性があるのかという観点から考察を進めていきたい。

メーカーは1990年代後半から情報発信ツールとしてインターネットを積極的に利用するようになってきた。各メーカーで利用されるようになったインターネットではあるが，マーケティング戦略上どのような使い方ができるのであろうか。その位置づけは各メーカーによって異なっている。筆者はマーケティング戦略を実行するための情報発信補助ツールとして活用されていると考えているが，メーカーによって効果は異なってくると考えられる。今日，必需品となった携帯電話，パソコンの普及により，あらゆる場所でインターネットにアクセスできるようになった。これに加え，情報技術の進歩により通信費が安価になり，簡単に使えるようになったことがインターネットの社会への浸透を加速させた。

一方，日本自動車工業会の香川によれば，「今日の先進工業国では，自動車の普及率は高いレベルに達しており，自動車が生活の一部となっており，自動車を利用できない人々が社会的弱者とさえなっている」[1]と述べ，自動車が生活必需品の１つになったと指摘する。インターネットと自動車は何ら関係のないものと思われるかもしれないが，双方とも社会生活を送る上でなくてはならないものとなってきており，今日の自動車マーケティングにおいてもインターネットは重要な役割を果たすような時代になってきたのである。

自動車は，1980年代までセールスマンによる訪問販売を中心としたマーケティングが主流であった。この昭和の販売スタイルに変化が現れ始めたのが1990年代後半，ちょうど時代も昭和から平成に変わってすぐの頃である。この時期は自動車産業再編の時期でもある。マツダのフォードによる子会社化，窮地に陥った日産にルノーからカルロス・ゴーンがやってきた時期なのである。ゴーンがリバイバルプランを公表し日産を立て直し始め，「３年間で20％のコスト削減」を公言し，リストラと製品戦略を強力に推し進めた。これまでの長年行われてきた日本的経営を改革するため，組織改革から着手し，製品戦略重視へと方向転換していった。つまり，ブランドロイヤリティと顧客満足をマーケティングの中心に据え[2]，インターネットを顧客満足度向上のための補助情報提供ツールとして使い始めた[3]のは平成に入ってからということになる。それ以前はセールスマンとの対話によるセールスと商談が行われ，商談が成立したらオーダーエントリーシステムを使い迅速に納車することが最も優先され，有効に機能してきた。

そして今，各メーカーがやらなければならないことは，ゴーンが推進したことからも分かるように，顧客満足向上とリアルタイムな情報発信という２つである。そのために製品開発力を向上させ，情報を発信し，顧客との接点を持ち続けるためのリレーションシップ構築が必要になってきた。各メーカーとも，そのツールとしてインターネットを使おうとしている。実際には広告媒体，取引媒体，販売促進ツールとして積極的に利用されるようになってきた。

それはアマゾンドットコム，楽天等である。自動車以外でもインターネットを使ったバーチャルモールの成功事例もある。ここで取引される商品は，アフターサービスを必要としない場合が多い。言葉を換えれば，アフターサービスまでが商品である自動車と大きく異なる点であり，バーチャルモールで販売するにしても，非常に悩ましい課題となっている。

藤本は「日本の高コスト・高いサービスに慣れた顧客にインターネット販売は，今のところ限界がある」[4]と述べ，「今日のユーザーは，車体験の蓄積を通じて，車に複合的な機能や微妙な意味づけを求めるようになっている」と顧客傾向を指摘する[5]。ただし限界があるといわれるインターネット販売も彼の指摘する「複合的な機能や微妙な意味づけ」の部分でなら，逆にインターネットが有効に働く可能性が埋もれているように思われる。現在，その活用方法に関しては各メーカーの試行錯誤は続いている。

一方，ルーベンスタインは「自動車マーケティングにおいてインターネットは2000年頃から顧客層の購買行動を変化させた。また，製品購入前に製品の価格情報を知る上で最も重要なツールとして使われるようになった」とインターネットの有効性を強調する[6]。

実際，街中でスマートフォンを片手に歩く人に出会うのはごく日常的風景となり，店舗，オフィスでは必ずといっていいほどパソコンがある。「ググる」という造語まで生まれ，分からないことはインターネット検索サイトのグーグルで調べれば大抵のことは分かるようになってきた。インターネットはあくまでも補助ツールであり，単独で販売の主たるツールとはなりえないが，やり様では爆発的ヒットの原動力になる可能性を秘めているとも考える。

つまり，自動車を購入するにあたり，インターネット，ディーラー，メーカー間の連携があって初めて購入に至るという現実がある。本章では他メーカーとは差別化された取組みとしてマツダが始めたインターネットを使ったカスタマイズ戦略を取り上げ，戦略ツールとしてのインターネットの有効性を考察していきたい。

2 自動車とインターネット

2-1 顧客ニーズとインターネット環境

1990年代後半から始まった社会の情報化は，自動車産業の環境も変化させようとしている。これまでは1970年代から公正取引委員会等によって指摘されてきたディーラー系列化が自動車産業の特徴の１つであった。これはメーカーとディーラーの強い結びつきを象徴するものであったが，社会の情報化，スピード化により長年続いてきたこの関係に変化が生じようとしている。

インターネットの普及は，大衆の自動車に関する情報収集を容易にした。メーカーもインターネットを使うことで情報発信コスト削減が図れる。双方にメリットをもたらすツールである。筆者はこの業界でインターネットの活用を考える際，情報発信，マーケットリサーチツールとして活用することが効果的であると考える。

2000年代になり，日本のインターネット環境は急速に整備され，世界最高水準のものとなった。これは2001年１月に策定された「e-Japan戦略」[7]に基づきブロードバンドインフラ整備が進められたことが主な要因である。戦略の目標は「少なくとも高速インターネットアクセス網に3,000万世帯，超高速インターネットアクセス網に1,000万世帯が常時接続可能な環境を整備する」というものであった。この目標も，2004年２月にはDSL（Digital Subscriber Line）で3,800万世帯，ケーブルインターネットで2,300万世帯，FTTH（Fiber To The Home）で1,806万世帯となり，達成されている[8]。このような政府の対応もあって利用人口は1997年に1,155万人であったものが，2002年に6,942万人となり人口普及率も50%を超え54.5%に達した。2003年になると，それは7,730万人に達し，人口普及率は60.6%まで伸びたのである[9]。それに世帯別のインターネット利用率も1998年には11%に過ぎなかったが，2001年には

図1-1　インターネットがないと困るか

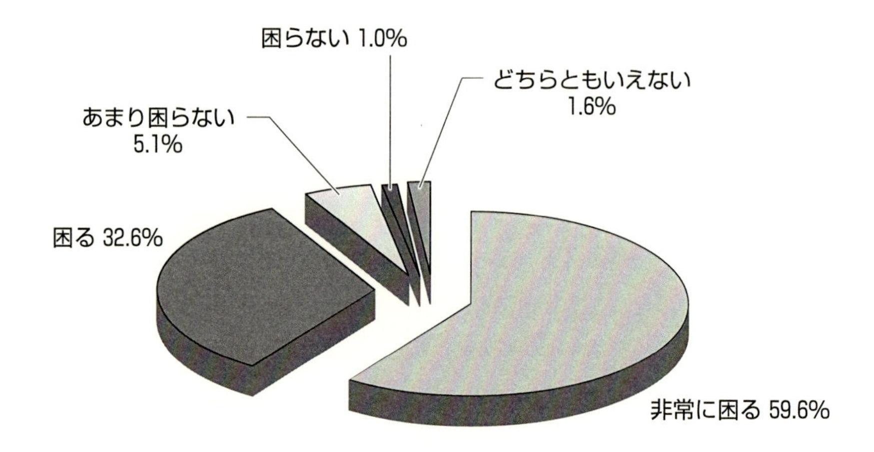

出所：総務省（2004）『平成16年度情報通信白書』ぎょうせい，p.35を基に筆者作成。

60.5%，2003年には88.1%に達した[10]。

それでは，整備されたブロードバント環境はどのようなことに利用されているのだろうか。**図1-1**をご覧いただきたい。インターネット利用者を対象に日常における重要度を調査した結果である。これから分かるように，インターネット利用者にとってインターネットを利用できなくなると，「非常に困る」，「困る」と答えた者が92.2%にも達し，必要不可欠なものになっていることが分かる。

また，**図1-2**はインターネットが使えないと，なぜ困るのかを調査したものである。この調査からインターネットをどのようなことに利用しているのかが分かる。これから分かることは69.6%が「情報収集」，36.2%が「連絡手段」として使っているということである。つまり，インターネットは日常において情報収集と連絡のためのツールとして欠かせないのである。

図1-2　インターネットが使えないと困る理由

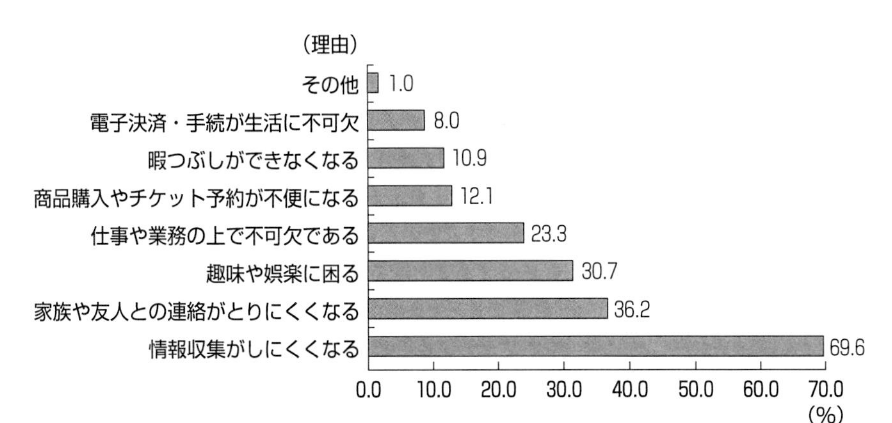

出所：総務省（2004）『平成16年度情報通信白書』ぎょうせい，p.35を基に筆者作成。

2-2　メーカーのインターネット活用

消費者個人レベルでは生活の中にとけ込み，なくてはならないものとなったインターネット。企業はどのような用途に使っているのであろうか。消費者は主に情報収集と連絡ツールとして使っていた。これを踏まえると企業は自社製品に関する情報発信，相互通信の機能を使い，連絡ツールとして使うことで情報分析，情報管理ができ，マーケティング戦略ツールとして活用できるのではなかろうか。

図1-3をご覧いただきたい。これは高度情報通信ネットワーク環境が整備されたことにより企業が受けると考えられるメリットである。「業務スピードの向上」,「業務コストの削減」といった項目がメリットとして浮上している。しかし戦略ツールとして注目すべきは,「顧客満足の向上」,「経営分析・経営戦略立案の高度化」である。なぜならば，この２項目に関してネットワークを有効活用すれば，より売れるクルマを誰に向けて，どこで売ればよいのかを考えるマーケティングツールとして最も効率が良いと考えるからである。

図1-3　高度情報通信ネットワーク環境が与えるメリット

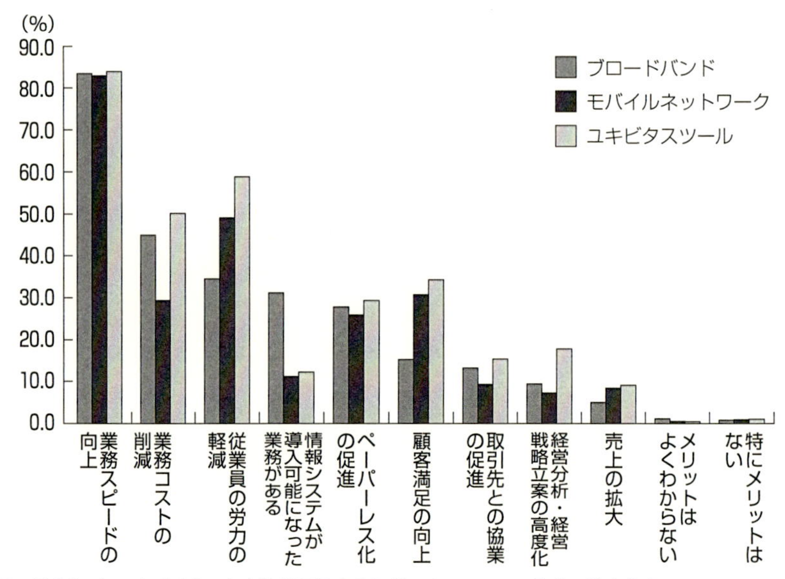

出所：総務省（2004）『平成16年度情報通信白書』ぎょうせい，p.61を基に筆者作成。

図1-4　ブロードバンドに対応した商取引・販売促進メリット

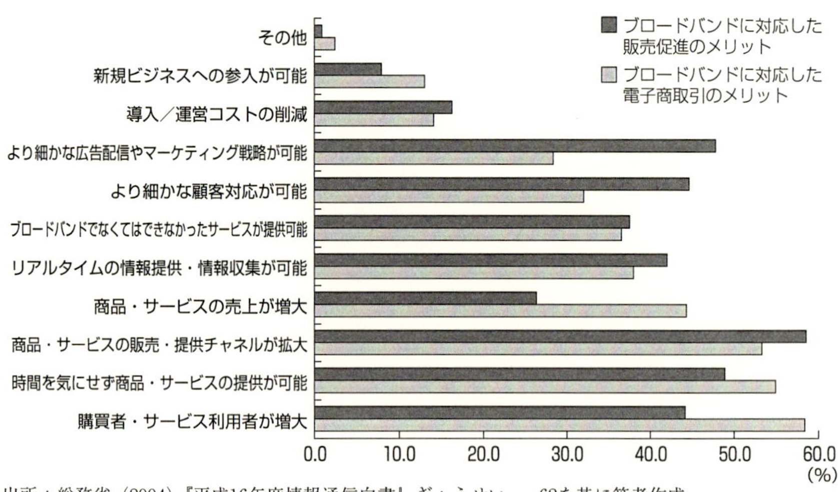

出所：総務省（2004）『平成16年度情報通信白書』ぎょうせい，p.62を基に筆者作成。

図1-5　インターネットの用途

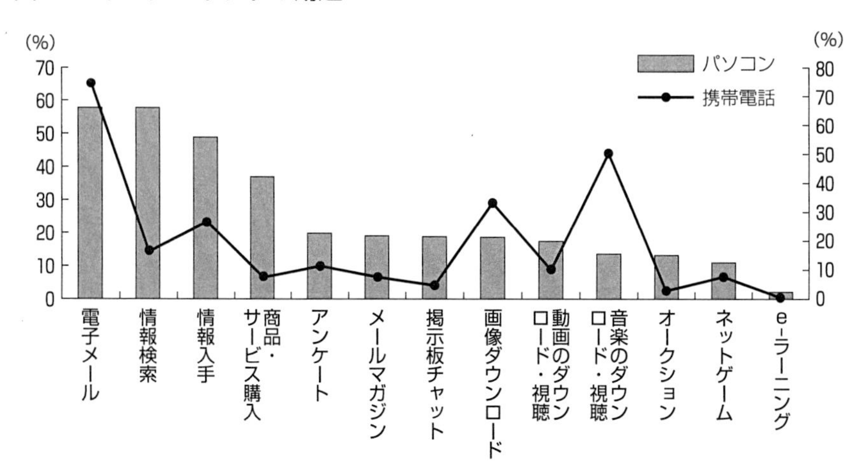

出所：総務省情報政策通信局（2004）「平成15年度通信利用動向調査報告書世帯編」総務省，p.52を基に筆者作成。

図1-4はブロードバンドを使った場合，企業が受けると考えられる商取引・販売促進メリットである。これは商取引と販売促進メリットが比較されている。みなさんもご承知のように自動車は電子商取引が主流ではない。そこで販売促進メリットに注目して考えたいと思う。筆者は企業があげたこれらのメリットの中で「より細かな広告配信やマーケティング戦略が可能」，「より細かな顧客対応が可能」，「リアルタイムの情報提供・情報収集が可能」，「商品・サービスの販売・提供チャネルが拡大」といったメリットが自動車流通戦略に活用できることを示している。

ブロードバント（ここではインターネット）は，具体的にはどのような用途で使われているのであろうか。インターネットへのアクセスは一般的にパソコン，携帯電話を介して行われる。**図1-5**をご覧いただきたい。この図では，パソコンと携帯電話におけるインターネットの用途が示されている。パソコンと携帯電話ではその用途が異なることが分かる。パソコンでは「電子メール」，「情報検索」，「情報入手」，「商品・サービス購入」が主な用途であり，携帯電話は「電子メール」，「情報入手」，「画像のダウンロード」，「音楽のダウンロード」に使われている。これらの結果からインターネットを効果的に利用するためにはパソコン用と携帯電話用の，それぞれ用途にあったインターフェイスを用意する必要があると考えられる。

ここで，日本市場におけるインターネット環境をまとめておこう。顧客層にとってインターネットは電子メール，情報検索・入手，製品サービスを得るために必要不可欠なツールである。一方で，メーカーはコスト削減，スピードアップを図りながら，満足度向上のツールとして利用できる。具体的には広告配信，マーケティング戦略ツールとして，顧客対応，リアルタイム情報提供・情報収集，商品・サービスを提供するためのツールとして使えるということである。

3 マツダのウェブチューンファクトリー

3-1 マツダのインターネット活用

インターネットは，顧客層にとって情報収集ツールといえる。これに対して，メーカーはインターネットを使ってどのような方策を講じているのであろうか。

メーカーは顧客の情報収集ニーズに合うようホームページ等に創意工夫を凝らし，競合メーカーとの差別化を図っている。**表1-1**は2004年決算期における各乗用車メーカーのホームページ記載情報の概要を示したものである。これから分かるように，各メーカーはウェブで製品情報，見積もり，商談申込，販売店検索，アフター情報，ニュース，会社情報といった情報を発信している。これらの情報は広告，顧客対応への取組み，リアルタイムの情報提供，商品・サービス提供を目的としたものと考えられる。

表1-1　各メーカーのホームページ内容

	製品情報	見積もり・商談申込	販売店検索	アフター情報	ニュース	会社情報	B.T.O
トヨタ	○	○	○	○	○	○	×
日産	○	○	○	○	○	○	×
ホンダ	○	○	○	○	○	○	×
三菱	○	○	○	○	○	○	×
マツダ	○	○	○	○	○	○	○
ダイハツ	○	○	○	○	○	○	×
スズキ	○	○	○	○	○	○	×
スバル	○	○	○	○	○	○	×

注：Build-To-Order（B.T.O.）。
出所：各メーカーのホームページを基に筆者作成。

しかし，マツダのみが他メーカーと異なるサービスを提供している。それはウェブを使ったBuild-To-Order（BTO）サービスである。このウェブを使ったBTOサービスは，マツダではウェブチューンファクトリーと呼ばれている。本章ではこのインターネットを使ったウェブチューンファクトリーを例に，マツダのインターネット活用から流通戦略における有効性をみていきたい。

マツダのウェブチューンファクトリーは広島本社の国内マーケティング本部，インターネットマーケティング部によって管理されている。インターネットマーケティング部は，さまざまな部署との折衝を行える平均年齢30代前半，中堅クラスの精鋭の集まりで構成された部門である。彼らが各部門に働きかけ関係部署を動かし，「カスタマイズの受注生産というテーマ」でウェブチューンファクトリーを立ち上げることに奔走した。これにより成し遂げられたサービスがウェブチューンファクトリーである[11]。

このインターネットを使ったBTOサービスは，社員の熱意だけで成しえたものではない。この社員からの提案を当時の社長フィールズが取り上げ，彼が承諾し積極的に推進したことで実現したプロジェクトであった[12]。彼は提携先のフォードから出向していた。ハーバード大学大学院でマーケティングを専攻しMBAを修得した人物で，マーケティングの取組みに理解が深かった。特にITを使ったビジネス革新を重視していたことが，このプロジェクトを実現に導いたといえる[13]。

以上のような経緯を経て立ち上がったウェブチューンファクトリーの特徴は，以下の３点である。

⑴　ウェブ上で製品内容確認から見積もりまで行うことができる。

⑵　カタログにない仕様車をウェブ上でシミュレーションし購入できる。

⑶　インターネット受注生産により，販売コストを低減させることができるため価格引き下げを実現。これにより欲しい仕様の車を買い得な価格で購入することができる。

これに加え，電子メールによる下取り車査定，クレジット審査，会員制によるさまざまな情報サービス提供と顧客ニーズ調査も開始した。

マツダはフィールズのもと，インターネットを活用したマーケティング・販売活動を積極的に推進してきた。このウェブチューンファクトリーは2001年２月スタート当初，ロードスター，Sワゴンのみであったが，2002年９月にはロードスターのみとなったものの，2003年４月にデミオ，10月にアクセラ，2004年になって新型車ベリーサが加わって４車種のカスタマイズベース車がラインナップされた。

本章ではこれらの車種中，当初からベース車両であったロードスター，後に加わったデミオを例に議論を進めることにしよう。前者はマツダを代表するスポーツカー，後者は同社で最も新車販売台数の多い大衆車である。**図1-6**をご覧いただこう。マツダ全車種の新車販売に占める比率が示されている。ロードスターは５％以下，デミオは最低でも15％，多いときには35％の販売比率がある。

図1-6　マツダ全車種に占めるデミオ，ロードスターの販売比率

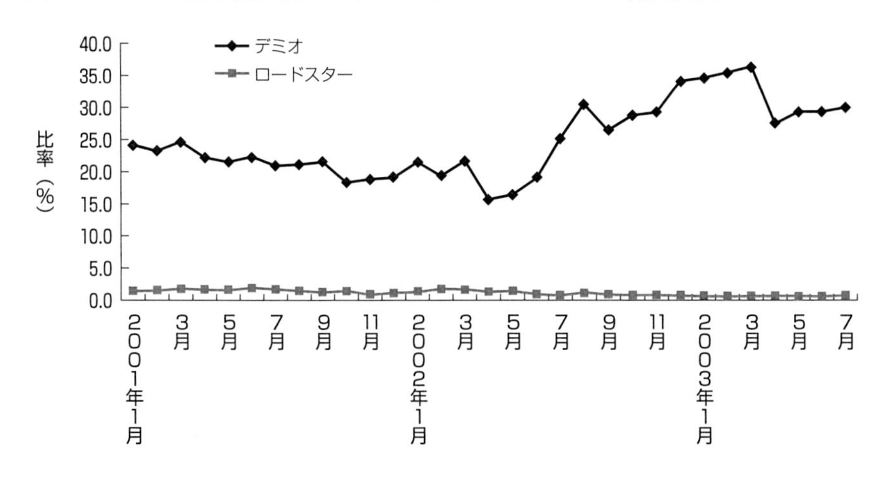

出所：マツダ㈱プレスリリースを基に筆者作成。

次に，**図1-7**にはロードスターおよびデミオの新車販売台数が示されている。ロードスターの新車販売台数は各月1,000台にも満たないが，平均的に販売台数を安定して維持している。一方，デミオは各月で2,000台以上の販売台数がある人気車である。このことから，２車のマツダにおける位置づけが分かってくる。ロードスターは1998年１月から販売開始され，マイナーチェンジを経て2004年に至っている。通常の国産車のモデルチェンジサイクルが４～５年ということを考えると，モデルレンジが長い車種である。これはロードスターがマツダ車中でもカスタマイズニーズの多い車種であるということに由来していると考えられる。デミオはマツダを支えているともいえる収入源の人気車種であり，マツダでは最も多くの販売台数を誇るクルマである。

マツダによれば，ウェブチューンファクトリーでカスタマイズできる車種の選定に関して次のように述べている。

「基本的にカスタマイズニーズが高い車種について導入しておりますが，

図1-7　デミオ，ロードスターの新車販売台数

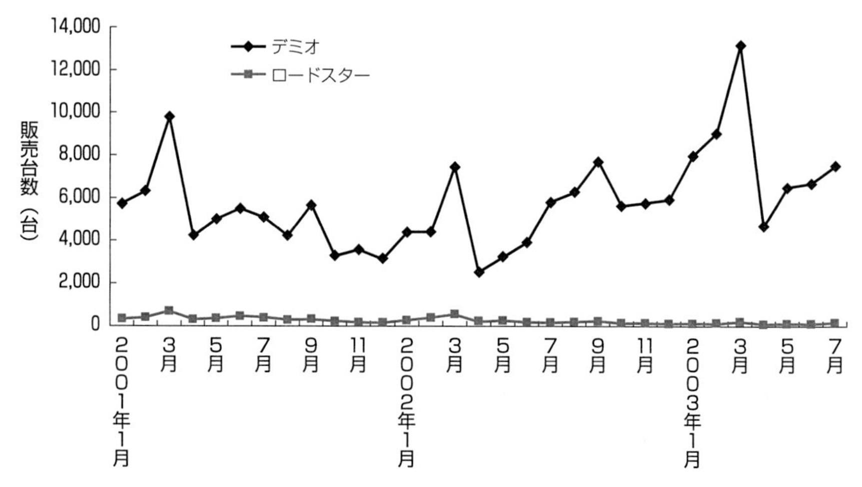

出所：マツダ㈱プレスリリースを基に筆者作成。

商品サイクルなどその他にいくつかの考慮すべき条件があり，ニーズが高いと考えられても導入に至っていないものもあります」[14]。

これから分かるように，カスタマイズニーズと商品サイクルが重視されているのである。

ロードスターは1998年１月に販売開始され，2002年７月にマイナーモデルチェンジが行われた。ロードスターはウェブチューンファクトリーが始まった2001年２月からカスタマイズのできるベース車として用意されていた。ロードスターはカスタマイズニーズが高いという理由で選ばれたと考えられる。またデミオは2003年３月にモデルチェンジされ，2003年４月からベース車として登場した。こちらのほうは新型投入による商品サイクルによるものである。その後，追加されていくアクセラ，ベリーサも新型投入でカスタマイズニーズも満たすために投入されたと考えられる。

メーカーが情報発信を行う媒体として，テレビ，ラジオ，専門誌（自動車

図1-8　インターネットで購入した商品

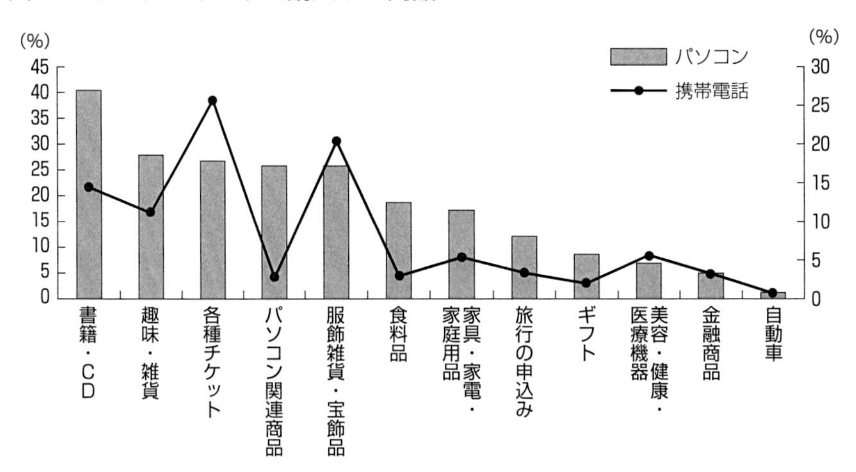

出所：総務省情報政策通信局（2004）「平成15年度通信利用動向調査報告書世帯編」総務省，p.63を基に筆者作成。

情報誌），雑誌（一般紙），インターネットなどがある。これらによる情報発信にはコスト，告知量などが異なり，メーカーによる差異も出てくる。マツダが重視する媒体は基本的にインターネット，雑誌が中心であるという[15]。インターネットはマツダが重視している媒体の１つである。それゆえ，インターネットを使ったBTOサービス，ウェブチューンファクトリーを競合メーカーに先駆け実用化した。これはマツダの先見性が反映された結果といえよう。

それでは，インターネットを使ってどのような商品が購入されることが多いのだろうか。一度，クルマから離れてみてみよう。**図1-8**はインターネットが利用できるパソコンと携帯電話でインターネットを使ってどのような商品が購入されたかを示したものである。パソコンからは「書籍・CD」，「趣味・雑貨」，「各種チケット」，「パソコン関連商品」の購入が多い。携帯電話からは「書籍・CD」，「各種チケット」，「服飾雑貨・宝飾品」，「美容・健康・医療機器」が多い。特徴として「書籍・CD」，「各種チケット」は共通してい

図1-9　インターネットが与える影響

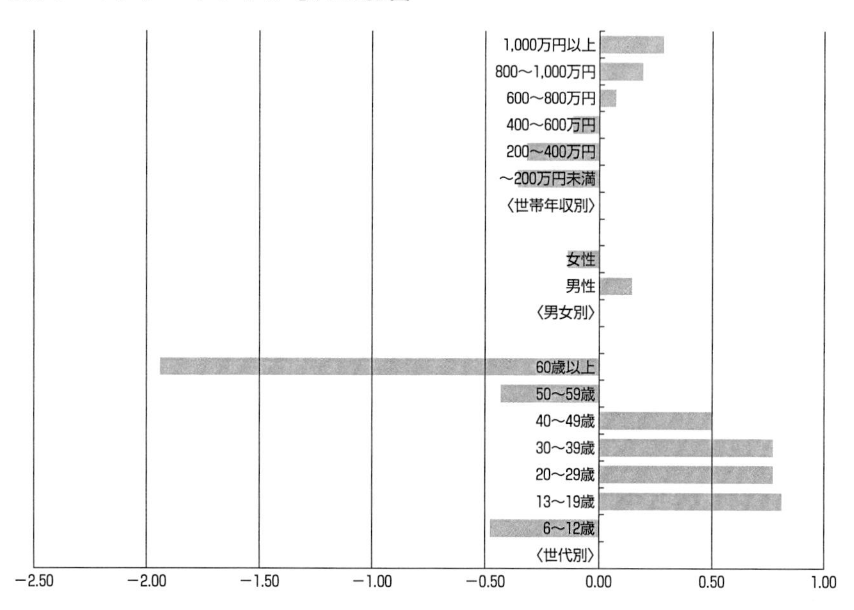

出所：総務省情報政策通信局（2004）「平成15年度通信利用動向調査報告書世帯編」総務省，p.38を基に筆者作成。

るが，携帯電話からは他に「服飾雑貨・宝飾品」，「美容・健康・医療機器」といった身近な物が購入されている。自動車購入はどうであろう。２つの媒体共に５％未満に過ぎない。これには新車のみならず中古車も入っている。自動車購入の動機の１つとして「試乗することが自動車を選ぶ上でかなりのポイントとなる」という。また，衝動買いするには高価すぎる商品でもある。これがインターネット販売の阻害要因の１つといえよう。

次に，どのような階層が顧客層となりえるのだろうか。一般的には運転免許を取得する18歳から企業等の定年である60歳までの就業年齢の顧客層が最も自動車購入層として多いと考えられる。しかし，これらの層すべてがインターネットを使うわけではない。**図1-9**はインターネット利用により影響を受ける年代，性別，世帯年収を示している。インターネットから影響を受けるとされる年代は13歳から49歳，性別は男性，世帯年収は600万円以上という結果になる。彼らがインターネットを使って自動車を購入するであろうと考えられるモデル顧客となる。

3-2 ウェブチューンファクトリー

インターネットを使ったサービスは1994年にアメリカで始められた。1999年には自動車購入者の16％がこのサービスを使って自動車を購入するに至る。日本でも1990年代後半にオートバイテルなどが参入した。これによって，インターネットを使った自動車販売が普及するかにみえた。しかし，実際にはそうはならなかった。

藤本がいうように「日本の高コスト・高いサービスに慣れた顧客」がインターネット販売という形態に合致しなかったと考えられる。インターネットを使ったサービスはメーカーが行うものとメーカー以外のサービス会社が行うものに大別される。メーカー以外のサービス会社が行うものに関して，塩地からその問題点が指摘されている[16]。だが本章では，これらのサービス会社が提供するサービスではなく，メーカーが行っているサービスに焦点をあてて議論を進める。

ここでは，マツダがインターネットを使って提供しているカスタマイズサービス，ウェブチューンファクトリーを例に取り上げたい。このサービスのメリットは，以下の７つのようなものである。

(1)　オススメコーディネイトを用意している
(2)　カスタマイズデータが保存できる
(3)　下取り査定ができる（ロードスターのみ）
(4)　販売店スタッフ紹介
(5)　来店予約ができる

図1-10　ウェブチューンファクトリーを利用した購入

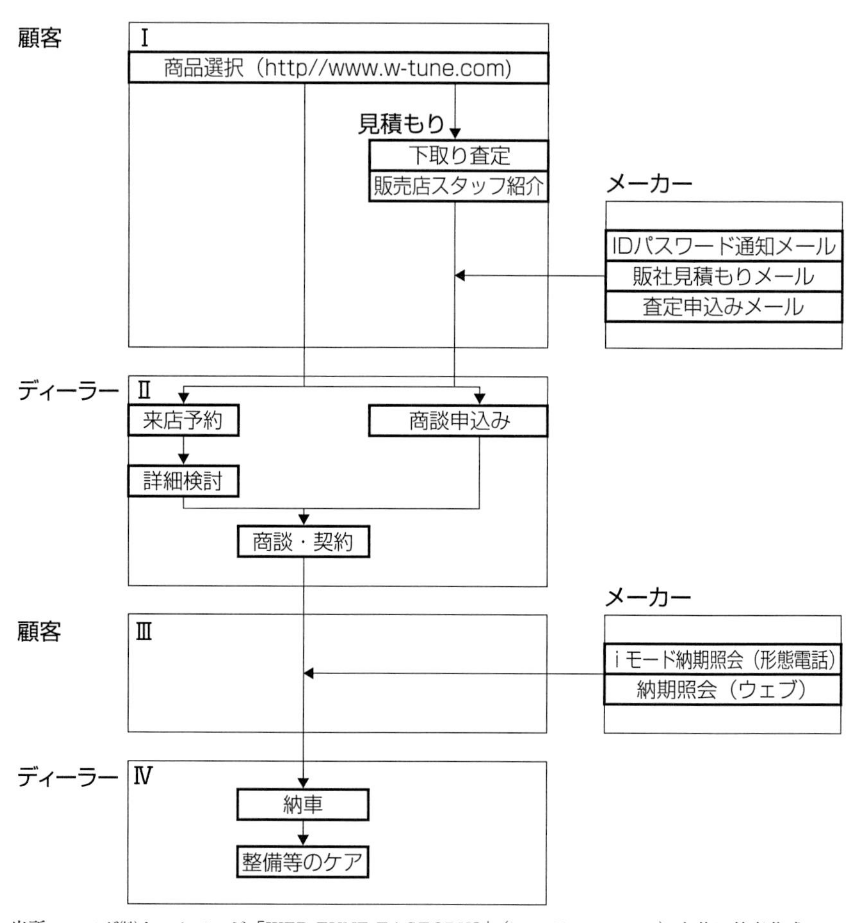

出所：マツダ㈱ホームページ「WEB TUNE FACTORY®」(http://w-tune.com）を基に筆者作成。

(6)　商談申込みができる

(7)　購入者の納期照会

図1-10を参照いただきたい。ウェブチューンファクトリーを利用して自動車を購入する場合の概略である。通常は自動車購入のために顧客がディーラ

ーを訪れ，商談をすることから始まる。**図1-10**でいうⅡからⅣのステップへと進む。ⅡからⅣステップへと進むに従い，顧客とメーカーの接点が納車までの間なくなる場合が多い。しかし，ウェブチューンファクトリーの場合，Ⅰステップでメーカーから電子メールが届き，Ⅲステップでインターネットを使って納期照会ができる。これはインターネットの持つ情報ツールとしてのメリットを活かし，顧客満足の向上を図ることを目的としたサービスであるといえよう。

顧客層にとって必要不可欠になったインターネットであるが，各メーカーも顧客との接点の１つとしてホームページを持つようになった。そこで各メーカーは差別化のため，明確なコンセプトを与えようとした。その１例がマツダのウェブチューンファクトリーである。このウェブチューンファクトリーの開設当初のコンセプトについて，マツダによれば「業界初の試みとして導入したということもあり，万人向けというよりは，ファクトリー感を出した趣味性の強い，ひと目で何をするサイトか分かるようインパクトのあるデザインとしました」という。それが2002年にリニューアルされたときには，「もう少し女性や趣味性の強くないユーザーの方も訪問しやすいよう多少，尖った感じを抑えました。デザイントーンで意識したのは，センスの良い，小洒落た感じにして，このサイトを通じて購入することがクールと感じられるようにしていくこと」というように，マツダはウェブチューンファクトリーに「楽しい」というテーマを与えたのである。

図1-11は，ウェブチューンファクトリーの最初に出てくる画面とカスタマイズの画面である。このサイトは「自分だけの車をくみ上げる楽しさというのを存分に満喫してもらいたいということで，特にカスタマイズ等の操作が説明しなくても感覚的に理解できるように注意を払いました。いくつも選べる背景やBGM，その他カスタマイズを一時保存して，後でまた呼び出して，続けられる機能なども，楽しさの追及を目指して追加しました」[17]というように，楽しさが追求されている。

図1-11　ウェブチューンファクトリー

※上記ホームページ画像は，2004年９月当時の画像を引用。
出所：マツダ㈱ホームページ「WEB TUNE FACTORY®」（http://www.w-tune.com/）。©マツダ㈱

それでは，どのようにしてカスタマイズするのであろうか。**図1-11**をご参照いただきたい。手順として初めに自分がカスタマイズしたい車種を選び，カスタマイズ画面へ進む。例えばロードスターを例にみてみよう。まずエンジンを選び，色等のエクステリア，次にシート等のインテリア，オーディオ，その他を選んでいく。最終的に内装のイメージと概観のイメージをこのサイトで確認し，カスタマイズ合計金額が出せるようになっている。これを確認した後に**図1-10**で示したように，このサイトを通じて商談申込み，来店申込みをする。そして，商談・契約し納車を待つ。納車まであと何日かかるのか，携帯電話やウェブを使って知ることもできるようになっている。

カスタマイズを好む顧客が視覚的に自分のカスタマイズをイメージとして確認できるウェブチューンファクトリーは，顧客層にとって便利な機能である。便利な機能ではあるが，このサイトに実際どれだけのアクセスがあり，

図1-12　ウェブチューンファクトリーへのアクセス数

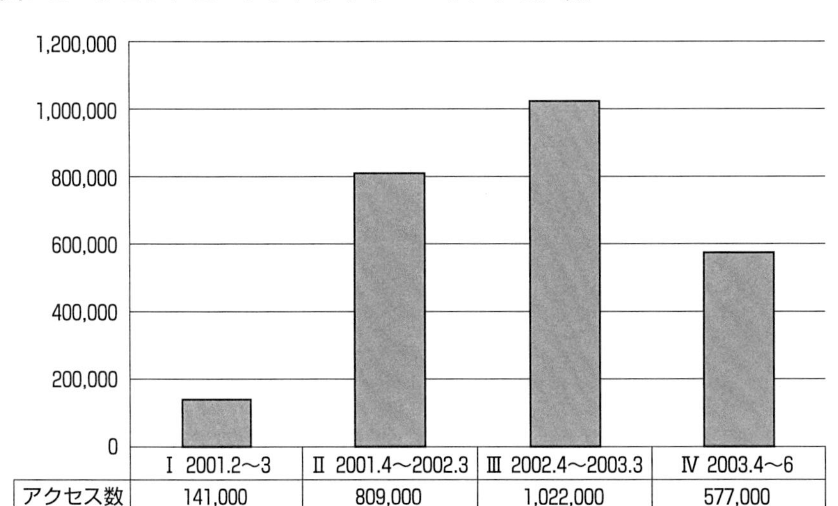

	Ⅰ 2001.2～3	Ⅱ 2001.4～2002.3	Ⅲ 2002.4～2003.3	Ⅳ 2003.4～6
アクセス数	141,000	809,000	1,022,000	577,000

出所：マツダ㈱へのヒアリングを基に筆者作成。

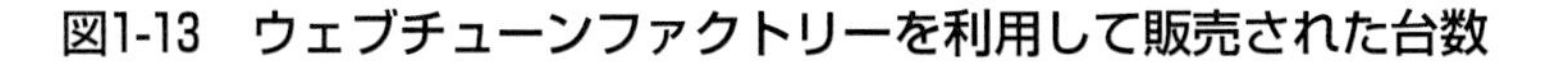

図1-13　ウェブチューンファクトリーを利用して販売された台数

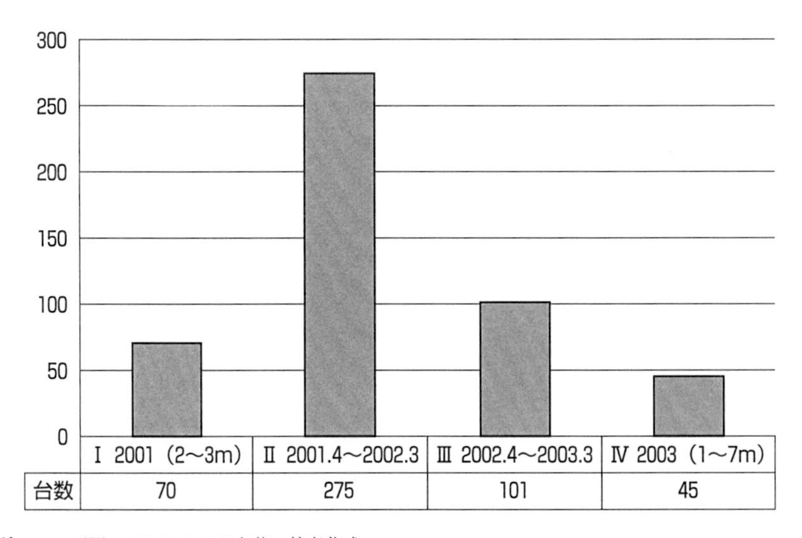

	Ⅰ 2001（2～3m）	Ⅱ 2001.4～2002.3	Ⅲ 2002.4～2003.3	Ⅳ 2003（1～7m）
台数	70	275	101	45

出所：マツダ㈱へのヒアリングを基に筆者作成。

カスタマイズされたクルマが販売されたのだろうか。**図1-12**にアクセス数，**図1-13**にカスタマイズされ販売された台数が示されている。

このサイトが始まった2001年２月から３月をⅠ期としよう。この時期には141,000のアクセスがあり，70台が販売されている（0.05％）。2001年４月から2002年３月をⅡ期としよう。この時期は809,000のアクセスで，275台が販売された（0.03％）。2002年４月から2003年３月をⅢ期としよう。この時期には1,022,000のアクセスがあり，101台が販売されている（0.009％）。2003年４月から６月をⅣ期とする。この期には577,000のアクセスがあり，45台の販売がなされたことが分かる（0.008％）。これらのデータからアクセスはしたものの結果的に販売まで結実したのは，１％にも満たなかったということである。Ⅰ期が0.05％，Ⅱ期が0.03％，Ⅲ期が0.009％，Ⅳ期が0.008％しか販売までに結びつかなかったということなのである。

これらのうち，Ⅰ期，Ⅱ期及びⅣ期は，ロードスターとデミオの２台がカスタマイズできるようになっていた。そのため，この時期は２台分のカスタマイズ数の合計が70台，275台，45台であったということである。Ⅲ期はロードスターのみのサービスであった。この時期のロードスターを例にしてウェブチューンファクトリーがどのように活用されたのかをみてみることにしよう。Ⅲ期は2,204台のロードスターが新車で販売されている。この台数のうちウェブを利用して販売された台数が101台である。ロードスターの新車販売台数に占める比率は，4.58％に過ぎない。ウェブチューンファクトリーを使ってカスタマイズする顧客が多くなかったとしても，約95％が通常の購入パターン[18]で購入したと考えられるのである。

ロードスターはロードスターからの買い替えも多く，ロイヤリティ構築に成功している車種であり，カスタマイズニーズもマツダの車種中でも多い。マツダでは「定性的に言いますと，ロードスターは，カタログ車の購入者構成比率とほぼ同じで，多少20～30代の比率が高いです」という[19]。ロイヤリティも高く，カスタマイズニーズも多いと考えられるロードスターでさえもインターネットを使ったウェブチューンファクトリーの利用は多いとはいえない。

デミオの場合はどうであろうか。Ⅳ期を例にみてみよう。デミオは国内メーカーの新車販売台数の中でも多い車種である[20]。ロードスターはインターネット専用ベース車があるがデミオにはない。ディーラーでもカスタマイズできるようになっており，ロードスターとの差別化が図られている。デミオは2000年１月にインターネット限定車として販売されたが，2003年４月にウェブチューンファクトリーに再登場した。これは限定車ではなく，カスタマイズベース車として約5,000通りの仕様の組み合わせができるようになっていた。ロードスターが1,200万通りのカスタマイズができるが，この点からも両者で差別化が図られている。またテレビＣＭに出演しているタレント伊東美咲の意見を取り入れ，女性をターゲットにした限定車も用意されていた。この限定車はバーナー広告，キャンペーンを実施，ウェブチューンでは扱われていない。デミオは**図1-6**でもみたように，マツダ車の中で最も高い販売比率を誇る車種であり，この車種の販売台数が伸びなければ収益面で打撃を受ける。つまり，デミオの出来不出来が経営基盤にも影響を与えかねないのである。

マツダのウェブチューンファクトリーによる取組みは先見性を認めうるが，契約数に結びついていないということから販売戦略上は成功しているとはいい難い。

4 マツダの先見性

自動車も社会の環境変化に合わせ，日々革新されている。それは，自動車の電子制御化やITS（Intelligent Transport System）をはじめとした情報化の進展とも無関係ではない。例えば，カーナビゲーションの普及に伴い，これを端末とした，さまざまなサービスの提供などがある。同様に販売面でも社会の情報化が従来の形態を変化させるのではないのかという問題意識から，本章では戦略ツールとしてのインターネットを考察してきた。しかし，実際はまだ発展する余地を大きく残しているといえる。

一方，自動車をデザイン面からみてきた岩倉は「情報化社会の消費者が，クルマに求めるものは決して高性能でも高機能でもない。現在の自分の生活や将来の理想の生活，それに適合しその実現のために最適な車を求めるようになった」[21]と述べる。自動車デザインからもカスタマイズの必要性が主張されている。また河村は「『商品』が気に入って買ったのであっても，それは商品の存在を知らせ，それが欲しい商品であることを説得する情報が届いて初めて実現する」[22]と述べる。安森は今日のディーラーが勝者となるためには，「顧客満足ナンバーワンを目指すこと。そのために必要な顧客サービスは，顧客の要望にすべて応えること」とし，そのために上昇したコストを捻出すべく生産性を改善することが必要と述べている[23]。

クーマーは顧客の価値創造のためには，(1)顧客の収益，(2)顧客のリスク，(3)顧客のコストの問題という３つの問題を解決する必要があるという[24]。またラップは「カスタマイズ製品が特定の顧客にとり価値があり，そのために長期ベースで顧客を容易に維持できると分かると，企業はカスタマイズ製品とサービスを市場に送り出し，価格をつけ，納入する最も効果的な手法を決定することができる」[25]といい，ITの進展による製品とサービスを分析した。

上記の先行研究からも分かるように，インターネット時代の自動車流通戦略に必要な要件は以下の４つが考えられる。

(1)　顧客ニーズに適合した製品
(2)　カスタマイズ
(3)　情報提供
(4)　顧客価値の創造

本章でみてきたマツダのウェブチューンファクトリーは，顧客が自分のニーズに適合する製品になるようカスタマイズし，そこに付加価値を見いだす人向きのサービスであったと筆者は考えている。

メーカーが高額耐久消費財であるクルマの販売戦略ツールとして，インターネットを有効活用するためになすべきことは以下の２つである。

(1)　顧客層のインターネット用途をリサーチすること

(2)　リサーチ結果に合わせたサービスを提供すること

マツダではテレビやインターネットの利用に関して「目的に応じて，ミックスしていくという使い方が重要」[26]といっていた。ウェブチューンファクトリーはインターネットを使って商品を購入する顧客層にとって１つの選択肢を与えたに過ぎない。

ここで，マツダの方策についてまとめておこう。インターネットを使って自動車を購入する人は少ない。マツダも「購入までには，実車を見たり，試乗したりという行為がとても重要で，ウェブの果たす役割は，大きくなっているものの，情報提供という範囲に限られているというのが現状」[27]と述べる。カスタマイズの多いロードスター，幅広い顧客層を持つデミオという２車種に限定してウェブチューンファクトリーをみてきたが，アクセス数の多さから顧客層にインパクトを与えたという点では成功したと考えられる。マツダは「今後もディーラーの役割というのは非常に重要で，ウェブとの相乗効果が出せる仕組みづくりが重要になってくるではないか」[28]とも述べていた。筆者は新車販売台数に占める比率，アクセス数に対するカスタマイズ台数等から，インターネットは販売戦略の１つの選択肢に過ぎず，ディーラーによる充実したアフターサービスとの相乗効果によって初めてその効果を発揮すると考える。

《注》

1 香川勉（2000）「21世紀の環境適合型自動車の開発にむけて」『産業学会研究年報第15号』産業学会，p.98。

2 Magee, D.（2003）*Turnaround*, HarperCollins, New York，p.91.

3 日産ディーラーによれば，「これまでメーカーの社長が末端ディーラーまで足を運び，顧客がどのような車を欲しているのかセールスマンやディーラーを訪れている顧客層に直接聞くことはなかった。しかし，ゴーン社長は，それを実践されている」という。顧客と接するディーラーから顧客のニーズを積極的に入手し，それに対応しようとするゴーンの姿勢が表れている。

4 藤本隆宏（2003）『能力開発競争』中央公論新社，p.76。

5 藤本隆宏（2003）同上書，p.56。

6 Rubenstein, M.J.（2001）*Making and Selling Cars*, the Johns Hopkins University Press, Baltimore, p.288.

7 内閣総理大臣を本部長とするIT戦略本部が，2001年1月に日本が5年以内に世界最先端のIT国家となることを目指し策定したIT国家戦略。2003年7月には，IT利活用の推進を図る「e-Japan戦略II」が策定された。

8 総務省（2004）『平成16年度情報通信白書』ぎょうせい，p.4。

9 総務省（2004）『平成15年通信利用動向調査』。

10 総務省情報政策通信局（2004）「平成15年度通信利用動向調査報告書世帯編」総務省，p.30。

11 坂村は「日本独自のIT戦略を考えたとき，産業界に対する具体的提言として「得意のモデルに持ち込むこと」を第一に進めたい。そこでは「個人で戦うのではなく，チームで戦う」という発想のもとで，日本型の社会ベンチャーシステム確立がポイントになる」と述べている（坂村健（2002）『21世紀日本の情報戦略』岩波書店，p.143）。マツダの取組みは彼のいう日本型の社会ベンチャーシステム確立の良い例であろう。

12 マツダ国内マーケティング部へのヒアリングによる。

13 彼は2001年2月2日の発売開始に当たり「ウェブチューンファクトリーは，日本の自動車メーカーで初めて実現する革新的なビジネスモデルである。今後も『心を動かす新発想』によりITを使ったビジネス革新を行い，お客様とのつながりを一層強固にし，カーライフ全般において新しい提案を行っていく」と述べている（マツダニュースより）。

14 マツダ国内マーケティング部へのヒアリングによる。

15 マツダ国内マーケティング部へのヒアリングによる。

16 塩地洋（2002）『自動車流通の国際比較』有斐閣，pp.355-377。塩地はインターネットを使ったオンライン・バイイング・サービスを5つのモデルに分け，その問題点を指摘している。

17 マツダ国内マーケティング部へのヒアリングによる。

18 通常の購入パターンとは，図1-10でいうⅡからⅣへいくパターンで，顧客がディーラーを訪れ，商談，契約し納車してもらうというパターンをいう。

19 マツダ国内マーケティング部へのヒアリングによる。

20　2001年55,986台（新車販売台数全メーカー中17位），2002年63,050台（新車販売台数全メーカー中17位），2003年1月～6月48,025台（新車販売台数全メーカー中8位）とマツダ車の中で最も販売台数の多い車種である。以上，日本自動車販売協会連合会統計資料（http://www.jada.or.jp/）。

21　岩倉信弥（2003）『ホンダにみるデザイン・マネジメントの進化』税務経理協会，p.134。

22　河村泰治（2001）『自動車産業とマツダの歴史』郁朋社，p.277。

23　安森寿朗（2001）『21世紀自動車販売勝者の条件』産能大学出版部，p.107。

24　Kumar N.（2004）*Marketing as Strategy*, Harvard Business School Press, Boston，pp.62-65.

25　ウイリアム・ラップ著，柳沢享・長島敏雄・中川十郎訳（2003）「成功企業のIT戦略 強い会社はカスタマイゼーションで累積的に進化する」日経BP社，p.342（Rapp, W.V.（2002）Information Technology Strategies, Oxford University Press, New York）。

26　マツダ国内マーケティング部へのヒアリングによる。マツダでは「絶対的な認識量を増やすには，やはりテレビが優位ですし，ホームページに誘導したいのならば，インターネット広告が単価的には優位」という。

27　マツダ国内マーケティング部へのヒアリングによる。

28　マツダ国内マーケティング部へのヒアリングによる。

第2章

自動車のブランド化

2000年代の日本市場

ヨーロッパをはじめ，アメリカ，日本と世界的な環境悪化が問題となっている。特に，自動車の排気ガスは地球温暖化に影響を及ぼすとして1970年代から排出ガス規制がなされてきたことは，みなさんもご存知であろう。自動車は燃料を燃やし，そこで発生したエネルギーを使ってシリンダーを動かし動力を得ている。この方式が変わらない限り，排出ガスがなくなることはない。各メーカーは環境問題に対し，２つの方向性から取組みを行っている。１つは日本メーカーが中心となって進んでいるハイブリッド車の開発。もう１つはヨーロッパメーカーが進めているディーゼルエンジンの排出ガスクリーン化である。いずれも排出ガスのクリーン化と低燃費で走ることを目的としている。これらの取組みと並行して，次世代動力源として燃料電池車の研究開発も進められている。

また各メーカーはその技術力に加え，ブランドイメージを重要視するようになってきたように思われる。ブランドイメージと技術力をどうやって向上させようとしているのか。その１つの例がフォーミュラ１（F1）への参戦である。このレースに参加するためには走る技術，開発費に多額の資金が必要となる。F1では，決められた規格の中で高出力を出し，早く走るクルマをつくらなければ，レースで勝てない。それに世界を転戦するために多額の費用がかかる。つまり，イメージ戦略には技術力と資金が不可欠ということになる。

メーカーにとって環境技術は必要条件であるが，F1で競われるスピード技術はブランドイメージ向上の手段として利用できる十分条件なのである。レース車両開発技術を量産車にフィードバックできるというメリットもあるが，余剰資金のあるメーカーでなければレースは続けていけない。そこで，マーケティング戦略が必要になってくる。

2000年代に入り，1990年代から始まった市場再編が新たな方向性をみせ始めた。例えば，アメリカ資本下で再建を図るメーカー，フランス資本下で再起を果たした日産などである。これまで日本メーカーと海外メーカーが資本提携することはあった。それが，海外資本下で再建を図るメーカーが出てきたのは2000年代になってからである。

しかし，これら再編の影響を受けなかったメーカーもある。トヨタとホンダである。この２つのメーカーには共通点がある。１つはハイブリッド技術を持っていること，もう１つがＦ１へ参戦していることである。それゆえ，両メーカーともに環境技術とスピード技術の両方を持ち合せているメーカーといえる。レースで活躍することにより，ブランドイメージ向上を図り，販売している製品販売台数を伸ばすことで利潤を増やし，その一部を研究開発費にまわすことができたメーカーといえる。

1990年代後半からインターネットが使える環境が整い，インターネットがマーケティングに影響を及ぼすようになってきた。ルーベンスタインは「自動車マーケティングにおいてインターネットは2000年ごろから顧客層の購買行動を変化させた」と述べており，消費者の購買行動に影響を与えるようになってきたのである[1]。

また，急速に進んだ市場成熟とニーズの多様化も配慮しなければならなくなってきた。高度成長期から1980年代まで自動車は「一家に１台」であったが，生活が豊かになるに従って１世帯で複数のクルマを保有することが多くなってきた。これに伴い，クルマを使う人のニーズが重視されるようになった。

市場再編，ニーズの多様化以外にもガソリン価格高騰も自動車メーカーのマーケティングに影響を与えるようになってきた。ガソリン価格高騰は燃費の悪い大型車から軽自動車，小型車へとニーズシフトをもたらした。しかし，ドイツメーカーに代表される高級車のニーズも依然として残った。つまり，ニーズの２分化が顕著になってきたのである。

これらから自動車マーケティングは，２分化するニーズへの対応と環境対策，ブランドイメージ向上を配慮しなければならなくなった。本章では，メーカーがこれらの要因に関して，どのような戦略で対処しようとしているのか，高級車のマーケティング戦略を例に考えてみたい。2005年８月，日本でもトヨタの高級車ブランドレクサスが開業した。これまで日本には存在しなかった高級車のみを扱うブランドである。2008年からホンダも高級車ブランドアキュラを日本市場に導入することが決定していたが，リーマンショックによる消費の冷え込みから実現できなかった。レクサスの戦略は，今後追随すると思われる競合メーカーの１つのベンチマークになると考えられる。本章では，レクサスを例に日本における自動車マーケティングの方向性を考察していこう。

2 レクサスブランド

2-1 レクサスとは

世界の自動車市場が欧州，北米，アジアという３大市場に大別されることは，みなさんもご承知であろう。これらの市場のうち日本メーカーは北米を重視するマーケティング戦略を展開してきた。ホンダをはじめとした日本メーカーが1970年代から北米に進出し，現地に工場を建設，販売網を構築してきた。北米の中でもアメリカは2000年代まで世界最大市場であり，高級車，SUV（スポーツユーティリティビークルの略），大衆車に至るまで多彩なニーズを持っていた。それに自国にGM，フォード，クライスラーというビッグ３と呼ばれるメーカーを有していた。

アメリカはロールスロイス，アストンマーチン，ベントレー，ジャガー，ロータス，メルセデスベンツ，アウディ，ポルシェ，BMW，フェラーリ，ランボルギーニ，マセラティなど，ヨーロッパの高級車が多数参入している。GM（General Motors）はキャデラック，フォードもリンカーンという高級車ブランドを持っている。トヨタはこの市場に1989年，高級車ブランドレクサスを開業した。当初はヨーロッパの高級車，キャデラック，リンカーンに乗っているユーザーをレクサスに向けることから始められた。これらメーカーは高級車として戦前からの長い歴史を持ち，メーカー毎にブランドアイデンティティが確立されている。例えば，メルセデスベンツは自動車を発明し，安全で高性能なクルマをつくるメーカー，ロールスロイスはイギリス王室，貴族や成功者が乗る超高級車というブランドイメージがある。これら伝統的ブランドに乗る目の肥えたユーザーを獲得するため，レクサスは斬新なデザイン，最先端の技術で差別化する戦略をとった。

これまで大衆車メーカーとしてアメリカに参入していたトヨタは，1989年，レクサスLS400（セルシオ）を発売し市場参入を果たす。レクサスLS400は「“ゼロから，世界に通用する高級車をつくる”という強い意志と，それを実現した当時のトヨタ技術力の結果だ」と後に評されるクルマである[2]。当初からアメリカで高級車と認められる品質レベルを目指し，市場投入されたクルマなのである。当時の日本はバブル期，国内でもユーザーが高級車を買い求める状況にあった[3]。この時期は高級車市場が急拡大した時期でもあった。

高級車として製品が優れていることは当然のことであるが，サービスの差別化も必要不可欠である。既存のトヨタディーラーとの明らかな差別化ができなければ高級ブランドとしてのプレミアム感がない。そのため，ディーラーネットワークとセールスマン教育に多額の投資が行われた。その結果，1989年80店舗でスタートしたレクサスは，2005年には210店舗を超えるまでに成長する。

アメリカのレクサスディーラーの特徴は「リゾートホテルのような解放的な外観，内部は明るく清潔。新聞を読むスペースがあり，インターネットも出来る。カプチーノバー，ドーナッツコーナーがあり，ちょっと近くを通ったからということで気軽に立ち寄れる雰囲気を出すこと。顧客には家庭でくつろいでいる気分にひたれることをディーラーのコンセプト」[4]としたのである。ディーラーではさまざまなサービスが提供されるが，サービスの１つにリモートサービスというものがある。これは納車，代車サービスのことである。日本では当たり前のサービスが，アメリカではプレミアムサービスとなるのである[5]。筆者としては，この程度のサービスがアメリカになかったことが驚きである。サービス方針として「最も重視しているのは顧客との関係性であり，顧客に満足してもらえるサービスを提供することの信頼の証として，建物などがある」[6]という。当然高級車を扱うには富裕層の顧客を意識した店舗，日本で行われないようなプレミアムなサービスも必要であると考える。換言すれば，彼らとの関係性構築のために環境を整えなければならなかったのである。ロイヤリティを感じられる店舗に行けば，ホテルマンのようなスタッフが出迎え，期待以上のサービスを提供する。これこそが，トヨタのイメージを劇的に変えたブランド戦略なのである。

レクサスは当初，"LEXUS the Luxury Division of TOYOTA" というように，トヨタのラグジュアリーカーという広告で売り出した。一般的に，当時のトヨタを含めた日本メーカーのブランドイメージは，「安くて壊れず燃費の良い高品質な小型車メーカー」というイメージだった。レクサスは『世界に通用する高級車』をつくるという，もともとは１人のエンジニアの強い意志の下で開発されている。トヨタも品質に関しては自信があったと考えられる。しかし何よりも高級感が不足していた。レクサスは高品質に加え，高級車としての付加価値をつけて販売されたクルマだった。その付加価値とは，意外にも日本で提供されてきたサービスをベースに考えられた，アメリカ版おもてなしの心だったのである。

例えば，「トヨタディーラーは全国どこでも同一のサービスが受けられ，故障修理履歴をデータベース化してサービスに役立てている」[7]といわれているが，このようなことは，日本では当然のことで我々はそれを意識することはない。トヨタがアメリカ市場に参入した当初はアメリカの風習を尊重し，あえて日本の流儀を押しつけないことが，市場にとけ込む近道だと考えたと推察される。しかし，アメリカでは，これがきめ細やかなレクサスのプレミアムサービスとして受け入れられたのである。

前述のとおり，敷居の高い高級車の店舗でありながらも雰囲気に工夫し，徹底した接客教育に力を入れた結果，一度レクサスを購入したユーザーは買い替え時，再度レクサスを購入するリピート率は60%[8]に達しているという。レクサスは品質とサービスの差別化で高級車ブランドとしてアメリカに受け入れられたのである。

2-2　高級車とは

高級車として連想しうるクルマを考えてみて欲しい。例えば，ロールスロイス，ベントレー，ジャガー，メルセデスベンツ等をあげることができるであろう。実はこれらのクルマはセダンが多い。他に，アストンマーチン，ポルシェ，フェラーリ，ランボルギーニといったスポーツカーも連想されるかもしれない。だがジープ，ハマーなどを高級車として連想する人は少ないのではなかろうか。つまり，高級車として連想されるのはセダンやスポーツカーが多いのではないかと考えられる。

それでは，日本メーカーがどのような種類のクルマを高級車として投入しているのであろうか。**表2-1**を参照いただこう。日本メーカーの高級車ブランドとしては，トヨタレクサス，日産インフィニティ，ホンダアキュラがアメリカ市場に存在する。本題に入る前にアメリカでどのような車種を販売しているのかをみておこう。ボディ形状で3つに分類できる。セダン，SUV，スペシャリティである。セダンは，レクサスがES（ウインダム），GS（アリスト），IS（アルテッツア），LS（セルシオ），アキュラがRL（レジェンド），TL（インスパイア），TSX（アコード），インフィニティがG Sedan（スカ

表2-1　日本メーカーの高級車ブランド

		セダン	SUV	スペシャリティ
レクサス	ES（ウインダム）	○		
	GS（アリスト）	○		
	IS（アルテッツア）	○		
	LS（セルシオ）	○		
	GX（ランドクルーザー100）		○	
	LX（ランドクルーザーシグナス）		○	
	RX（ハリアー）		○	
	RXh（ハリアーハイブリッド）		○	
	SC（ソアラ）			○
アキュラ	RL（レジェンド）	○		
	TL（インスパイア）	○		
	TSX（アコード）	○		
	MDX（MDX）		○	
	RDX（C-RV）		○	
	RSX（インテグラ）			○
インフィニティ	G Sedan（スカイラインセダン）	○		
	M（フーガ）	○		
	Q（シーマ）	○		
	FX（ムラーノ）		○	
	QX（テラノ）		○	
	G Coupe（スカイライン）			○

注：（　）は日本で販売されている車種名。
出所：各社ホームページ，車種別カタログを基に筆者作成。

イラインセダン），M（フーガ），Q（シーマ）を投入している。SUVはレクサスがGX（ランドクルーザー100），LX（ランドクルーザーシグナス），RX（ハリアー），RXh（ハリアーハイブリッド），アキュラがMDX（MDX），RDX（C-RV），インフィニティがFX（ムラーノ），QX（テラノ）となる。スペシャリティはレクサスがSC（ソアラ），アキュラがRSX（インテグラ），インフィニティがG Coupe（スカイライン）である。各社に共通しているのはセダンが最も多く，SUV，スペシャリティという順に車種が少なくなっていることである。

ここで話を元に戻そう。アメリカで販売されている車種ではレクサスにしかない車種がある。それはGShとRXhの２車種である。hとはハイブリッドを意味する。レクサスは高級車ブランドで唯一ハイブリッド車を用意しているのだ。アキュラの製造元であるホンダもホンダブランドでアコードハイブリッド，シビックハイブリッド，インサイト[9]というハイブリッド車を発売しているが，アキュラではハイブリッド車販売をしていない。トヨタは高級車ブランドにハイブリッドという新しい方向性を示し，環境に優しい高級車として時代をリードしているのである。

3　レクサス日本へ

3-1　日本への参入

2005年７月26日レクサス開業発表会見でトヨタの渡辺捷昭社長（当時）は，レクサス開業に伴い，以下のコメントを発表した。

「レクサスは1989年に北米で創設以来，欧州やアジアなど世界に展開してきました。『レクサスブランド』は，日本での開業を機に『高級の本質』を常に追求し，『個性』や『プレミアム感』を重視するお客様の拡大に対応できるように『グローバルプレミアムブランド』の確立を目指します。LEXUSがブランドの理念として掲げる『高級の本質の追求』とは，『最高の商品』を『最高の販売・サービス』で提供し，お客様がレクサスと共に過ごすいかなる瞬間も『“ときめき”と“やすらぎ”に満ちた最高の時間』を提供したい。そのために，開発・生産・販売のすべての面で妥協のない取り組みを続けます。商品開発においてはレクサス独自のデザインフィロソフィ『L-finesse（エル・フィネス）』[10]を掲げ，すべてのレクサス車に共通する，Advanced（先進）などの５つの開発キーワード『I.D.E.A.L.（アイディアル）』[11]を定めました。そして，数値性能から感性品質に至る約500項目に及ぶレクサス独自の商品化基準『レクサスMUSTs（マスツ）』にそって，プレミアムブランドにふさわしい卓越した商品性とレクサスブランドとしての統一性，独自の魅力の付与を追求します。こうして開発しましたのが今回のモデルがGS[12]，SC[13]，IS[14]であります。2006年春には，GSにハイブリッドシステムを搭載したGS450h，年内にフラッグシップセダンとなるLSの導入を予定しています。また，販売・サービスは，レクサスのみを扱う143店舗のネットワークを８月30日に立ち上げ，年内には151店舗体制といたします。統一されたデザインの店舗では，独自の研修を受講した約2,000名の専任のスタッフがお客様を迎え，レクサスライフを最高の時間とするための『レクサストータルケア』など独自のプログラムと併せて，商談（コンサルティング）から納車・整備に至る全てのステップにおいて，常に，おもてなしの心で期待を上回る満足の提供を目指します」[15]。

この会見の中に，トヨタがレクサスでやろうとしている高級車マーケティングのエッセンスが凝縮されている。品質に関しては，すでにアメリカのラグジュアリーブランドとしてJDパワー社の調査でNO.1になっているので何の問題もない。レクサスは「最高の商品」を提供するだけでなく，「最高の販売・サービス」を行うために専売の販売システムできめ細やかな販売システムを構築するとしている。これらによって，「グローバルプレミアムブランド」の確立を目指すのである。トヨタは，レクサスを世界中が認めるプレミアムブランドにしたいと意気込んでいる。

トヨタは世界の３大自動車市場（欧州，北米，アジア）で，まだ母国日本だけにレクサスを売り出していなかった。母国日本の顧客を満足させてこそ，真のプレミアムブランドといえる。そのため，「グローバルプレミアムブランド」と称して高級車のコンセプト，販売・サービスがどのようなものなのか，最終章として日本の顧客層に知らしめることとなった。

顧客層に製品コンセプトを知らしめるために，デザインのL-finesse，開発キーワードのI.D.E.A.L. 商品化基準レクサスMUSTsという名称をつけてレクサス製品を説明し，レクサスブランドに関しては，統一性，独自の魅力の付与を追求するといっている。しかし筆者は，これらを実に曖昧なアピールであると考えている。統一性，独自の魅力の付与を追求するといっているが，それが何を指しているのかよく分からない。BMWのように，みてすぐに「あっBMWだ」と識別できるという意味での統一性，独自の魅力を指しているのであろうか。日本の顧客に「“ときめき”と“やすらぎ”に満ちた最高の時間」を提供することもコンセプトとなっている。しかし，“ときめき”と“やすらぎ”がクルマを運転しているときをいうのか，ディーラーを訪れサービスを受けているときを指すのか曖昧である。アメリカでプレミアムブランドとして成功しても，日本でも認められなければ，グローバルブランドとは呼べないのではなかろうか。日本は1国内に複数の自動車メーカーを持つ世界でも希少な国である。そのため，顧客層の多様なニーズにも対応でき，サービスも充実している世界屈指の市場である。それに慣れた日本の顧客は世界一手ごわい相手である。

日本でレクサスという言葉が初めて使われたのは，ウインダムの広告ではなかっただろうか。1991年9月に発売されたウインダムのテレビコマーシャルで「レクサスES300，日本名ウインダム」というコピーが流れていたことを筆者も記憶している。アメリカで1989年にLSが発売されてから2年後のことだが，大学教授をコマーシャルに登場させ，インテリジェンスな高級車としてアピールしていた。

レクサスはグローバルな高級車ブランドという位置づけにあるが，日本ではトヨタの最高級車（2005年当時）ではなかった。日本国内でトヨタが展開している高級車ブランドの頂点にはセンチュリーがあり，その下にレクサス，クラウン・マジェスタ，クラウン，プログレ，ブレビス，マークX，カムリと続いていたからである。

また，トヨタブランドでこれまで販売されてきたウインダムがES，アリストがGS，アルテッツアがIS，セルシオがLSにレクサスバッチに付け替えただけで，「あっレクサスだ」と識別できるという意味での統一性，独自の魅力に欠けていた。それに日本の市場は1980年代「いつかはクラウン」というコマーシャルもあったように，国内ではセンチュリーを除き，カローラからカムリ，クラウンというように上級移行できる車種構成となっていたため，レクサスは苦戦を強いられることになる。

3-2 レクサスの販売

レクサスの販売をみてみよう。**表2-2**は，生産国別にどの車種のレクサスが販売されているかをまとめたものである。これによると，アメリカが最も車種が多く，日本が最も少ないことに気がつく。日本の場合，これから車種を増やしていくことが明確であるために単純に比較はできないが，アメリカに近づけていくと考えられる。欧州の国々ではES，GX，LXを販売していない。韓国にはGSh（アリストハイブリッド），GX，LX，RXh（ハリアーハイブリッド）がない。逆に各国共通しているのがGS，IS，SCを販売していることである。

さて，日本ではどうであろう。日本にはスペシャルティと２つのセダンで市場参入してきた。GS，IS，SCである。これらは世界各国で販売され，GS，IS，SCの顧客満足度がレクサスの満足度に大きな影響を与えていることはいうまでもない。

ブランド構築を理論的にいえば，「製品開発（「良きモノづくり」）をベースに進められ，必ずしも「良いモノ＝強いブランド」となるとは限らず，（消

表2-2　レクサス販売車種

	韓国	日本	アメリカ	イギリス	ドイツ	フランス	イタリア	スウェーデン
ES	○		○					
GS	○	○	○	○	○	○	○	○
GS h		○	○	○	○	○	○	○
GX			○					
IS	○	○	○	○	○	○	○	○
LS	○		○	○	○	○	○	○
LX			○					
RX	○		○	○	○	○	○	○
RX h			○	○	○	○	○	○
SC	○	○	○	○	○	○	○	○

出所：2006年８月現在，各国ホームページを基に筆者作成。

費者の生活に根ざし支持され得るという意味での）強いブランドを構築するためには，そのブランドの意味ないし価値を伝えるコミュニケーションが決定的に重要な役割を果たす」といわれている[16]。

「レクサスは高級の本質の追求，新しい価値の創造。高級という価値は金額だけでなく，物を所有するという価値観から体験とかに重きが置かれ心の満足が求められている。時代環境で心の満足，自分の時間を大切にする等精神的価値が求められている。これからの高級は感動の時間，ときめき，やすらぎに満ちた最高の時間をレクサスが提供し，時間という価値を提供するプレミアムブランドにしたい」[17]というトヨタ流の新しい高級車のコンセプトを持ち込もうとしている。これは，製品が高品質であることを前提に，ブランドの意味ないし価値を伝えるコミュニケーションを重視していくということではなかろうか。

レクサス開業以前のトヨタは，１つのディーラーで大衆車から高級車まで販売してきた。現在もそれは一部で維持されている。従来，ディーラーでは高級車独自のサービスはなかった。例えば，カローラ店では大衆車のカローラからカムリ，ミニバンでいえばシエンタからエスティマに至るまでを同一店舗，同じセールスマンで販売してきた。高級車と大衆車は製品で差別化するしか方法がなかった。それがレクサス開業により，この手法を踏襲しなくてもよくなった。

レクサスにおいては，取り扱う車種は少ないものの，すべて高級車のみを扱う。この点がトヨタディーラーとは異なる。しかし，問題もあった。これまで各店舗の上級車にあたる車種をレクサスに集めてしまう形になってしまった。例えば，カローラ店ではウインダムが店頭から消えてしまったのである。

これまでカローラ，トヨタ，トヨペット，ネッツ，ビスタの5系列で構成されてきたディーラーは，それぞれに上級移行できる車種が割り当てられていた。この中で，ビスタ店を中心にレクサス店へと転換させていった。ビスタ店はご存知の方も多いと思うが，ビスタというセダンを中心に販売していたディーラーである。当然のことながら，高級車専売店舗として店舗をつくり変えなければふさわしくない。店舗づくりには多額の資金が投入され，店舗をつくり変えることから始められたのである。

表2-3は，トヨタ系ディーラーとレクサスディーラーの形態差異を示したものである。店舗への投資はレクサス店が建築費で2倍以上，敷地も約2倍の大きさで多額の投資が必要である。月間販売台数もトヨタ系は30台であるが，レクサスは採算ラインが50台に設定されている。販売単価はトヨタ系に比べ高価であるが粗利益率が低い。サービス収入も当面はなく，報奨金も出ない。年間運営費もトヨタ系に比べ1億6千万円も多い。それにもかかわらず，建物減価償却が1千万円も高い。レクサス店はすべてにおいて高コストとなっている。粗利益率が低く，サービス収入も当面なく，報奨金も出ず，年間運営費も1億6千万円も多く，建物減価償却が1千万円も高い条件をトヨタ系と同じ従業員でまかなわなければならない。開業会見で「独自の研修を受講した約2,000名の専任のスタッフがお客様を迎えレクサスライフを最高の時間としていきたい」といっていたが，この条件でこれまでトヨタが提

表2-3　ディーラー形態

	トヨタ系	レクサス
建築費	3億円	7億円
敷地	500～700坪	800～1000坪
販売台数/月	30台	50台（採算ライン）
販売単価/台	170万～300万円	400万～600万円
粗利益率	16～17%	13～15%
中古車販売	○	○
サービス収入	○	当面なし
報奨金	○	×
年間運営費	2億円	3億6千万円
建物減価償却	750万円	1,750万円
従業員	15～25人	15～25人

出所：「レクサスの野望」『週刊 東洋経済』東洋経済新報社（2005）11月12日号を基に筆者作成。

供してきたサービス以上のモノが提供できるのかと首をひねりたくなる。

次に，レクサスの販売目標台数をみてみると，GSが1,100台，SCが100台，ISが1,800台と設定されている。３車種の合計で月に3,000台が売れると見積もられているということだ。トヨタに限らず他メーカーをもそうであるが，綿密な市場調査を基にこの販売目標台数は設定される。この販売目標台数よりも多く売れた月が販売好調な月ということである。

図2-1をご覧いただきたい。2005年８月開業以来，この目標をクリアできたのは2005年10月と11月のみであり，他月はこれを下回り，販売目標台数に達していない。販売目標台数を達成できなかったのは何が原因なのであろうか。製品の魅力がなかったのであろうか。ディーラーでのサービスが顧客のニーズに合っていなかったのであろうか。次項ではこれらを明らかにするため，レクサスのマーケティングを考察していこう。

図2-1　車種別新規台数

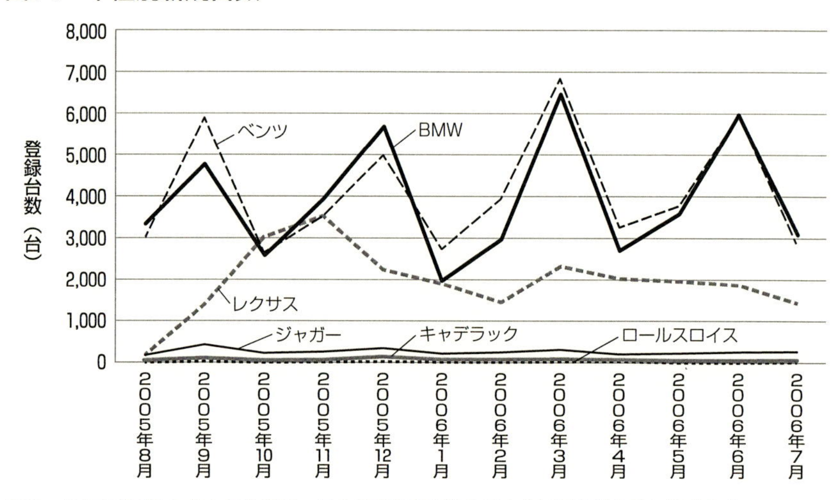

出所：日本自動車輸入組合統計資料，日本自動車販売協会連合会統計資料を基に筆者作成。

3-3　レクサスのマーケティング

日本の自動車マーケティングに関して白石は「製品戦略に関して①機能性，②燃費，③居住性，④外観・スタイルの４点のうちこれらのいずれか，もしくはいくつかのものが強調されてきた」と指摘した[18]。チャネル戦略に関しても「メーカーとディーラーの間には『対等のパートナー』として扱う共同主義，あるいは家族主義的な姿勢が日本的経営の特徴を示す」という。ディーラーが直接，顧客に接触し販売活動を展開し，さらにそのメンテナンスを行っていくのに対して，メーカーは全国的な広告宣伝活動を行い，ディーラーに対する技術指導を行うという分担関係にあると指摘している[19]。価格戦略に関しても白石は「製品は需要の価格弾力性は大きいが，企業イメージやそれに支えられたブランドイメージによって，あるいは技術的な特徴によって製品差別化が形成され，その弾力性は容易に硬直化する性格を持っている」と日本の自動車マーケティング戦略を分析している[20]。

レクサスは，これまでのような日本独自のマーケティング戦略を周到しようとしたに過ぎないのだろうか。製品戦略を知る上でデザインコンセプトL-finesse，開発キーワードI.D.E.A.L. 商品化基準レクサスMUSTsがある。これらは，プレミアムブランドにふさわしい卓越した商品性とレクサスブランドとしての統一性，独自の魅力の付与を追求するための基準である。このコンセプト，キーワード，商品化基準からレクサスは，②燃費，④外観・スタイルを重視したと思われる。なぜならば，②に関してはハイブリッドを用意しているところから燃費を重視している。④に関してはL-finesse，I.D.E.A.L.というように分かりにくいキーワードが並ぶが，統一性，独自の魅力の付与を十分に意識していると考えられる。

メーカーとディーラーの関係に関しても，**表2-3**で示したように，レクサスディーラーはトヨタ系に比べて高コスト構造になっている。トヨタは，レクサスディーラーに対してどのような役割を持たせようとしたのだろうか。トヨタは2005年春に富士スピードウェイ内テストコースとレクサスカレッジという専用研修施設を開設した。これはトヨタの「ブランドは人だ」という考えに基づき，少数精鋭でレクサスを立ち上げるための教育施設であった。トヨタはメーカーとしてブランドイメージの統一を図る目的もあり，最もコストのかさむ人材教育，広告をあえて引き受けることにした。これまでの共同主義，あるいは家族主義的な姿勢からの乖離（かいり）がみられ，レクサスディーラーにおいて新たな取組みをしようとした姿勢がみて取れる。

しかし，ディーラーは自動車に乗る上で必要なさまざまなサービスを提供する場である。開業会見で「レクサスライフを最高の時間とするための『レクサストータルケア』など独自のプログラムと併せて，商談（コンサルティング）から納車・整備に至る全てのステップにおいて，常に，おもてなしの心で期待を上回る満足の提供を目指します」と述べていた。レクサスディーラーの場合，トヨタ系と比べ確かに豪華なつくりとなっており商談スペースも広くとられ，プライバシーも確保されるつくりとなっている。納車時に顧客と行うセレモニースペースも確保され，顧客に優越感を持たせてくれる。しかし，ディーラーを訪れると，「お帰りなさいませ」と声をかけられる。これについて，初めてディーラーを訪れた顧客にとっては違和感を覚えるのではなかろうか。レクサスに乗って来店したのならばこれでもよいと思うが，この対応には筆者も首をかしげざるをえない。

メーカーが提供するサービスも，トヨタ系と比べ充実している。「おもてなしの心で期待を上回る満足の提供を目指します」というだけあって，これほど過剰なサービスが必要なのかと思われるほどである。例えば，メーカーが提供するレクサストータルケアサービスは，テレマティクスを使って提供される。サービスの内容は，コンシェルジェ，セキュリティ，セーフティ，メンテナンスに分かれている。コンシェルジェとは，レクサスに関する質問，相談，緊急時のサポート，手配までコミュニケーターがナビの目的地設定，各種情報表示の操作を行うものである。例えば，ホテル，レストランの予約や，その場所までのナビの設定をしてくれる。操作で分からないことがあれば，操作方法も教えてくれる[21]。セキュリティに関しては，クルマが無理にこじ開けられたような場合，エンジンが始動したときにはメールと電話で知らせてくれ，車両がどこにあるのか追跡し，警備員まで派遣してくれる。もちろん，閉め忘れや，ハザードの消し忘れなどもメールで知らせてくれ，携帯電話で状態が確認できるようになっている[22]。セーフティについては，ヘルプネットとレクサス緊急サポート24に分かれている。ヘルプネットは，気分が悪くなったりしたときにヘルプネットボタンを押すことで警察や消防に連絡できたり，エアバックが作動した場合は自動で警察や消防に連絡してくれる。メンテナンスに関していえば，新車で購入すると３年間，法定点検，ケアを無料で行っている。また，法定点検等はその時期になると，直接カーナビゲーションのモニターに表示されるようになっている。このように，至れり尽くせりのサービスを提供しているのである。

だが，メルセデスベンツもメルセデスケアと称して，新車登録から３年間をケアするサービスを提供している。このサービスは，レクサス同様のサービスで，2000年からすでに始められていた。24時間365日いつでも対応するところも同じである。それでは，メルセデスとレクサスの違いは何か。レクサストータルケアに沿ってみていくと，セキュリティ，セーフティ，メンテナンスの項目に関してはメルセデスが提供しているサービスと同様であり，これらのサービスは，高級車としてスタンダードサービスであるともいえる。

レクサスオリジナルサービスといえるのが，コンシェルジェとレクサスオーナーズ自動車保険である。コンシェルジェは専用のコールセンターがサポートするもので，緊急時のサポート，ナビの目的地設定，各種の情報表示をテレマティクス（トヨタではG-Linkと呼ぶ）により提供している。また，レクサスオーナーズ自動車保険は，グループ会社のあいおい損害保険と提携して行うもので，通常の任意保険ではオプションとなる補償も含めてレクサスオーナーのためだけに提供される保険サービスである[23]。

しかし，開業からこれらのサービスが顧客に受け入れられてきたのかは疑問である。安森は「1人ひとりの顧客をハッピーに出来る喜びの購買体験，喜びのサービス体験を提供しつづける経営ポリシーを持つことが，自動車販売“勝ち組”の第一条件である」と述べていた[24]。安森のいう顧客をハッピーに出来る喜びの購買体験，喜びのサービス体験の演出をレクサスは充分に行ってきたと思われる。しかしなぜか，登録台数が伸びない。

それはレクサス開業のタイミングと市場動向調査の不十分さにあるのではなかろうか。例えば2005年の家計支出で今後減らそうと思っている支出をみてみると，最も多いのが外食費，特にない，衣料費，自動車などの耐久消費財，食費と続く。増やしたい支出は財産づくり，趣味・娯楽費，自動車などの耐久消費財となる。特に注意したいのが，年齢別の支出である。レクサスの顧客は男性が多いので男性でみてみると，40代の27.1％，50代の27.7％，60代の31.3％が自動車などの耐久消費財支出を抑えて財産づくりをしたい[25]と答えている。モノの購入に関する考え方を年収別にみてみると，800～

1,000万円の世帯年収で最も重視されるのが「ある程度高くても良質のモノを購入するようにしている」で53.9%，1,000～1,500万円未満でも56.1%，1,500万円以上になると83.6%がある程度高くても良質のモノを購入するときに重視している。800万円未満で最も重視されるのが「よく考えてからモノを買うようにしている」で50%を超えているのと異なる傾向である[26]。レクサスは最も安いものでも390万円はする。ここでいう世帯年収の800万円以上を顧客層と考えるのが妥当であろう。この階層で最も重視されていたのは「ある程度高くても良質のモノを購入するようにしている」であった。つまり，良質のモノと認識されれば，ある程度高くても購入するということである。そうであれば，この階層にレクサスが良質のモノと認識されなかったのではないかという仮説が成り立つ。

三浦は「上，中，下と社会の階層化が進むにつれ『中』向けに商品を売ることが売上も利益も最大化することだった。一方で2003年に改装した新宿伊勢丹メンズ館が『上』に向けて差別化することで成功した」と指摘し，レクサスが「一部の富裕層」向けに投入されることを2005年体制と呼び，「いつかはレクサス」[27]という形では売られないだろうと予測していた。また団塊世代を上，中，下に分け，中が好きな自動車はクラウン，セルシオ，シーマであるとし，上はスカイライン，NSX，ベンツCクラス，BMW3シリーズを好むとしている。そして，中がより高額・高級なものにあこがれて，それを買い，上はより高級な外国車やスポーツカーに関心を移行していると分析していた[28]。

日経広告研究所の調査によれば，富裕層の自動車所有状況は以下のようになっている。富裕層をパワーリッチとプチリッチの２つに分け[29]，所有状況が分析されている。これによれば，「全体の約半数が『１台所有』であるが，パワーの方は２台，３台と所有比率が高い。所有しているクルマは『国産車（車体価格400万円未満）』が多く６割を占めている。プチが国産車に集中しているのに対し，パワーは輸入車に対しても高い所有率を見せている」としている。そして，「富裕層を対象としたマーケティングは，地域的なセグメンテーションやデータベースマーケティングを切り口としたものが中心ではなかったか。『レクサス』が登場したことによって，富裕層をターゲットとした大規模なエリアマーケティングが我々の眼前に現れた」と分析した[30]。このことから，２つ目の仮説として，レクサスが高級な外車やスポーツカーのオーナーへのアピールに失敗したのではないかという仮説を導き出すことができる。「国産高級車といえば」という問いに対して「レクサス」と答える人の数が増えなければ，まだまだ広告が不足しているという証なのである。

4 ブランド化は成功したのか

レクサスの製品とサービスに絞ってマーケティング戦略をみてきた。その結果，２つの仮説が導き出せた。１つが世帯年収が800万円以上の顧客層にレクサスが良質のモノと認識されなかったのではないかということである。もう１つが高級な外車やスポーツカー等のオーナーにターゲットを絞り込んだことで，広くアピールすることに失敗したのではないかということである。

クーマーは顧客の価値を創造するためには，(1)顧客の収益，(2)顧客のリスク，(3)顧客のコストという３つの課題があると指摘していた[31]。

安森も今日のディーラーが勝者となるための条件として「顧客満足ナンバーワンを目指すこと。そのために必要な顧客サービスは，顧客の要望にすべて応えること」とし，それに伴い上昇したコストを捻出するために生産性を改善することが必要と述べていた[32]。

レクサスの場合，クーマーのいう顧客の収益，リスク，コストに関しては考慮されていただろうか。製品に関しては統一性，独自の魅力の付与を十分に意識していた。リスクに関してもレクサストータルケアサービスにより顧客の不安を取り除く工夫を施していた。しかし，これらが収益をもたらしたのかというところが問題である。「おもてなしの心で期待を上回る満足の提供を目指します」といっていたが，残念な結果に終わっている。痛手だったのは最高の製品を提供するといっておきながら，開業から１年も経たないうちにシートベルトのリコールを出してしまったことである[33]。これは明らかにイメージダウンであるばかりでなく，自社にとっても時間と経費を無駄に費やすマイナスポイントとなってしまった。

長屋は2004年に，「メルセデスベンツが伝統，BMWが走る楽しさ，アウディが美とするならば，レクサスは感動する時間です」といっていた[34]。開業から今まで感動する時間を顧客に提供しえたのか改めて考えなければならない。コストに関しては製品の品質もさることながら充実したサービスが提供されており，この要因に関しては十分に満たしていると考えられる。やはり問題になるのは，顧客の収益という要因である。レクサスのいう感動する時間をレクサスが提供しているとは思えない。安森のいう「必要な顧客サービスは，顧客の要望にすべて応えること」に関しては，サービスすべてが提供されていたといってもよい。「富裕層はレクサスとしての素晴らしさを理解しているが，見せびらかしたい相手である一般大衆のほうがレクサスを高級車として認知しないため，富裕層は買おうとしない」という指摘がある[35]。この指摘にもあるように，レクサスは一部分の人には知られさえしなかったということである。仮説として，レクサスが顧客層に良質のモノと認知されなかったのではないかとしたが，一部分でしか認知されなかったということになるであろう。ターゲットに「特別な感じ」を与えることに固執した結果，広く一般的に「出し惜しみ」する形になったようである。

ところで，高級車として広く浸透しているのはメルセデス，アウディ，BMWどれも外国産の高級車である。例えば，アウディはレクサスの開業に際し，「特段，影響はない。むしろトヨタの固定客が高級車に関心を持つようになりアウディを選択肢に加えてくれる。チャンスだ」と述べていた。BMWも「レクサスの登場によりBMWディーラーへの来店者が20～25％増えた。これは2005年度の販売台数と同じ位の伸びになる」とコメントしていた[36]。ダイムラークライスラーも「メルセデスベンツ販売においてレクサスの影響はほとんど無い」という。これら高級外国車メーカーが，高級車市場に参入してきたレクサスに対してあまり影響が無いと答えていることは興味深い。**表2-4**でもみたように，ベンツ，BMWの新規登録台数にレクサスの市場参入による影響はあまりみられなかった。アウディにしても，2004年13,815台であった販売台数が2005年は15,420台へと増加している。これは，1990年のバブル期の16,691台に迫る販売台数である。

本章冒頭で述べたが，トヨタは欧州でのイメージアップと国内でのホンダブランドへの信仰が強い顧客層を引き込む狙いからF1に参戦したとしている[37]。しかし，これも成功しているとはいいがたい。2005年の欧州高級車市場シェアも１％[38]に過ぎなかった。アメリカでは反響があったようだが，欧州では効果のほどがみてとれない。

レクサスによるブランド戦略を，製品とサービスに絞ってみてきた。繰り返すが，製品に関しては，高級車にハイブリッド車を投入し，環境にも優しく高級車としての新しい方向性をみせていた。統一性に関しては，製品コンセプトがはっきりしており，開発理念などもしっかりしていた。ただメルセデス，BMWと比較して，認識性という点で大きく劣ると思われる。それはクルマをひと目みて「レクサスだ」という個性がないからである。レクサスというブランド名を使う以上，「何だトヨタじゃないか」と顧客に思われるようではいけない。アウディをみて「何だVW（フォルクスワーゲン）か」と思うだろうか。また，製品以外のサービスにおいても，アメリカでの成功要因をなぜ日本で活かせなかったのだろうか。アメリカでのディーラーコンセプトは，「顧客に家庭でくつろいでいる気分にひたってもらう」ことであった。製品は優れていても，このホスピタリティ感を日本のディーラーに行っても感じることができない。何か高級ホテルで緊張を強いられているように感じるのは筆者だけではあるまい。

日本には，トヨタ，ホンダなど世界を牽引するまでに成長した自動車メーカーがあるにもかかわらず，皮肉なことに日本人は脈々と続く舶来品神話に酔っている。「隣の芝は良く見える」というが，まさに日本人は外国車に乗ることがステータス。アメリカで成功したこともアメリカ人にとって日本の高級車は外国車だからともいえるはずだ。筆者は，レクサスが日本人の目を覚まさせる絶好の機会だと確信している。グローバル市場となった今日では，外国人の目に映る日本車のほうが正しく評価されやすい。なぜなら，イメージが与える影響が少ないからである。国産車と外国車を一度でも乗り比べたことがある方なら分かるはずだ。国産車はどんなに安価な自動車でも綿密に計算され，抜かりない。しかも不備があった場合の対応も早い。納期も早く，部品交換時のコストも外国車に比べ驚くほど安い。外国車の場合，この逆のことが起こりえる。雨の日にトランクを開けたら，雨水が入り中の荷物が濡れてしまうなどである。国産の新車の場合，まずこんなことにはならないだろう。

高級車としてコンセプトも確立されおり，品質も高級車としての水準に達していると思われる。しかし，メルセデス，BMW，アウディはレクサスのことを競合ブランドとは思っていない。おもてなしの心ではライバルをうろたえさせるまでに至らなかった。今の日本は誰も知らない高級車より，誰もが認める高級車のほうが確実に売れる国なのである。それに，レクサスの広告には常に「微笑むプレミアム」という言葉がついているが，このコピーを果たしてどれだけの人が知っているだろうか？その前にレクサスというブランド名をもっとアピールすべきではなかったのか。広告活動の目的は商品を広く知らしめること，人々の記憶に残すことである。この単純明快な根本を見失うほどの何か大きな期待がこめられていたとしたならば，残念でならない。

さらに，2005年の富裕層の購買行動に合致しなかったことも，レクサスのマーケティングが成功しなかった要因と考えられる。ガソリン価格高騰という予期せぬ要因も加わり，販売台数は伸びなかった。しかし，これらの要因にトヨタも気づいているはずである。

高級車イメージにブランド戦略がとらわれすぎていて，もっと足元にある良さをアピールすることが抜け落ちていたのではないだろうか？　誠実で正確，生真面目で勤勉。資源のない国だからこそ，こだわった低コストで最大限の効果を発揮するよう開発された開発・生産システム。心地よいおもてなしをすることを最優先につくられたディーラー。どれも世界に誇れるセールスポイントである。スマートに一言ではいい尽くせない。こんなことは誰もが分かりきっていると，たかをくくってはいけない。レクサスの良さというものは，外国車に乗った経験がないユーザーには伝わり難い良さなのである。では，一流の広告代理店に支払うコストをディーラーにおけるサービスに投資してみてはどうだろう。面白いことが起きそうな気がする。

《注》

1　Rubenstein, M.J.（2001）*Making and Selling Cars*, the Johns Hopkins University Press, Baltimore，p.288.

2　金子浩久（2005）『レクサスのジレンマ－ブランド商品化する自動車とマーケット－』学習研究社，p.39。トヨタの鈴木一郎というエンジニアが完璧な車をつくることを目指してでき上がったのが，初代LS400である。

3　後に「シーマ現象」と呼ばれ，500万円以上もする日産の高級車シーマが市場予測以上に売れた。

4　金子浩久（2005）前掲書，p.103。

5　アメリカは日本と比べ人口密度が低いということもあり，ディーラーまでの距離が遠く，自動車を買ったからといって，たびたびディーラーを訪れたりはしない。また，日本のように納車まで一定の期間を待ったりはしない。ディーラーに立寄り契約のサインをして買ったら，そのまま乗って帰るのが一般的な自動車購入方法である。

6　金子浩久（2005）前掲書，p.104。

7　Dawson, C.（2004）*LEXUS the Relentless Pursuit*, John Wiley & Sons, Singapore，p.123.

8　金子浩久（2005）前掲書，p.106。

9　http://automobiles.honda.com/models/。

10　L-finesse（L-finesse：Leading-Edge（先鋭）とFinesse（精妙）を組み合わせた造語。「先鋭-精妙の美」の意。

11　Impressive（印象的）・Dynamic（動的）・Elegant（優雅）・Advanced（先進）・

Lasting（普遍）。

12　走りのパフォーマンスはもとより感性の領域に至るまで「新しいプレミアム価値の提供」を追求したグランドセダン。

13　「レクサスの華」をテーマに極限の美しさを追求したスポーツクーペ。

14　「感動と快感の走り」をテーマにドライビングを愉しむためのインテリジェントスポーツセダン。

15　http://www.toyota.co.jp/jp/news/05/Jul/nt05_040.html。

16　青木幸弘・岸志津江・田中洋（2000）『ブランド構築と広告戦略』日経広告研究所，p.69。

17　http://www.toyota.co.jp/jp/tech/new_cars/lexus/message/。

18　マーケティング史研究会編（1995）『日本のマーケティング－導入と展開－』同文舘出版，p.117。

19　マーケティング史研究会編（1995）前掲書，p.124。

20　マーケティング史研究会編（1995）前掲書，p.125。

21　http://lexus.jp/service/concierge/index.html。

22　http://lexus.jp/service/function/g-link/g-security/index.html。

23　http://www.ioi-sonpo.co.jp/tytg/lexus/lexusplan.html。

24　安森寿朗（2001）『21世紀自動車販売勝者の条件』産能大学出版部，p.20。

25　加藤寛監修（2005）『ライフデザイン白書2006-07』第一生命経済研究所，pp.121-122。

26　加藤寛監修（2005）前掲書，p.262。

27　三浦展（2005）『下流社会　新たな階層集団の出現』光文社，pp.38-39。

28　三浦展（2005）前掲書，pp.200-203。

29　藤牧幸夫監修，横田浩一・桑原太郎（2006）『新富裕層の消費分析　藤巻流！「勝ち組」の意識を探る』日経広告研究所，p.37。世帯年収15,000万円以上を「パワーリッチ」，750～15,000万円を「プチリッチ」としている。

30　藤牧幸夫監修，横田浩一・桑原太郎（2006）前掲書，p.168。

31　Kumar, N. (2004) *Marketing as Strategy*, Harvard Business School Press, Boston, pp.62-65.

32　安森寿朗（2001）前掲書，p.107。

33　『日本経済新聞』2006年４月13日朝刊。

34　金子浩久（2005）前掲書，p.96。

35　山本哲士・加藤鉱（2006）『トヨタ・レクサス惨敗』ビジネス社，p.18。

36　アウディジャパンのハーネック社長は，レクサス開業をチャンスと認識し，運転が楽しいアウディとは根本的に異なるとしている。レクサスが開業した2005年のアウディのセールスは，1990年のバブル期に迫る15,420台であった。BMWジャパン社長のコルドバ氏によれば，2006年には187店舗から200店舗まで増やし地方の顧客との接触を増やし拡販を図るという（http://car.nikkei.co.jp/news/business/）。

37　池原照雄（2002）『トヨタvs.ホンダ』日刊工業新聞社，p.154。

38　『日本経済新聞』2006年３月２日朝刊。

第3章

ITSと自動車マーケティング

1 ITを使ったマーケティングの必要性

IT（Information Technology）の進歩と普及は社会を良くも悪くも変化させ，従来からの慣習や商取引へも影響を与えるようになってきた。これは自動車マーケティング戦略においても同様である。自動車産業は，他業種より情報化に関し積極的に取り組んできたと考えている。加えて，1990年代からは，行政も絡んで社会の情報化が進められてきた。

日本の自動車産業は，高度経済成長期の所得増加による購買意欲の向上とモータリゼーションの波に乗り急成長した。行政においては，より多くの人が自動車を所有できるよう軽自動車の規格を立案した。同時に，「大衆車」と呼ばれる排気量1,500ccクラス車の普及が進んだ。その結果，自動車検査登録情報協会が2007年に発表した１世帯あたりの普及台数は，1.107台まで普及したのである。

急成長の背景には，当時の社会環境がプラスに働いた。第２次世界大戦の空襲で主要都市の道路網は破壊された。行政は復興を急ぎ，高速道路や地方の道路をつくり，インフラ整備を急いだことが追い風になったと考えられるからである。

また，日本独自の税制度がアメリカ，ドイツメーカー等の参入障壁となり，市場参入が抑制されたことも大きい。日本にはボディの大きさ（例えば，車幅1.7m未満，車長4.7m未満），エンジン排気量（2,000cc未満）に独自規格がある（一般的に，５ナンバー車と呼ばれる）。この規格よりボディが大きく，エンジン排気量が大きくなる（３ナンバー車と呼ばれる）につれて税金が高くなる仕組みになっている。それゆえ，車体が大きく，エンジン排気量の大きかった外国車には不利な条件となった。結果的にまだ競争力に乏しかった1960年代，1970年代の国産メーカーを保護することになったのである。

他にも自動車業界では，1980年代までにディーラーで商談が成立するとネットワークを通じ工場にオーダーされるオーダーエントリーシステムが構築され，迅速な納車ができるようなシステムが形成されていた[1]。1970年代になると，「トヨタ生産システム」に代表される生産工程の合理化も確立され，消費者は低価格・高品質なクルマを手に入れることが可能になっていた。1980年代になると，フルラインを目指すメーカー，車種を絞り特化するメーカーという差別化ができ上がっていく。それでも市場の中心は軽自動車と５ナンバー車で競争が行われていた。

それが1980年代後半（バブル期）になって，３ナンバーの大型高級乗用車のニーズが急拡大し，海外高級車メーカー参入が活発となり競争が激化することになる。だが，この時期のマーケティングは車種による差別化，セールスマンによる訪問販売，それにオーダーエントリーシステムによる迅速な納車がなされていたに過ぎなかった。

自動車台数の増加は，交通事故の増加，環境汚染という新たな問題も引き起こしてしまう。これに対応するため，行政により基準が設けられ，メーカーはこれらに適合したクルマでなければ，製造，販売できなくなり，新たな改良，開発が求められるようになった。例えば，安全面ではエアバック，アンチロックブレーキ，歩行者へのダメージを軽減するボディ等を開発し，これらをクルマに標準装備して対応した。環境問題に対応するために，ハイブリッド車，燃料電池車も開発された。日本メーカーは世界に先駆け，ハイブリッド車の製品化に成功した。このハイブリッド車は，環境に優しいクルマとして１つのグローバルスタンダードとなっていくのである。

クルマの話から多少それるが，1995年のウインドウズ95発売以来，一般家庭でもパソコンが急速に普及した。それに携帯電話の小型化，携帯電話キャリア間の競争激化もあって，料金の低価格化が加速したことにも注目しなければならない。これら情報ツールの普及により，インターネット活用が加速したと考えられるからである。

メーカーが製品によるニーズへ対応するのと並行して，行政を中心に自動車に関するITインフラ整備も進められた。具体的には，ITS（Intelligent Transport Systems）である。この中には，AHS（Advanced Cruise-Assist Highway Systems），VICS（Vehicle Information and Communication System）設備の全国的整備が含まれている。

1990年代になり，国内市場は成熟段階に達し，従来然とした製品差別化だけでは顧客層の多様なニーズに対応できなくなってきた。また，社会の情報化の加速でITを使ったサービスが求められるようになってきた。そこで本章では，メーカーがITをマーケティング戦略にどのように活用し，需要喚起しようとしているのか。ITSを活用した付加価値戦略を例に考えていこう。

2 日本市場の変化

2-1 情報化の進展

1995年から自動車を取り巻く環境に変化がみられ始めた。行政とメーカーが共同で本格的にITSインフラ整備が始められた（**図3-1**参照）。そのITSインフラ整備の柱として，以下の９つの開発項目ある。

(1) カーナビゲーションシステム（以下，カーナビという）の高度化
(2) 自動料金収集システム
(3) 安全運転支援
(4) 交通管理の最適化
(5) 道路管理の効率化
(6) 公共交通支援
(7) 商用車の効率化
(8) 歩行者支援

図3-1　ITS開発分野とサービス計画

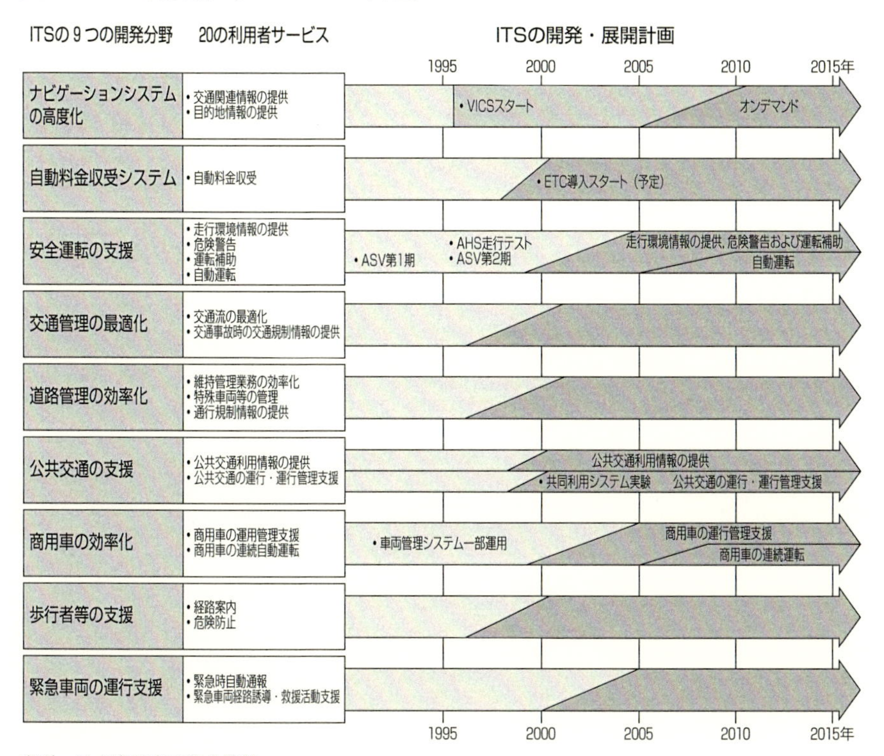

出所：日本自動車工業会資料
（http://www.jama.or.jp/it/info_communication/info_communication_6t1.html）。

(9)　緊急車両の運行支援

この中で，メーカーがマーケティングに活用できるものとしては，カーナビの高度化，自動料金収集システム，安全運転支援ではないだろうか。本章では，これらの３つの情報技術によって自動車マーケティング戦略がどのような影響を受けたのかを考察しよう。

図3-1をご覧いただきたい。カーナビの高度化は，VICS（Vehicle Information and Communication System）の運用と密接な関係がある。VICSは

表3-1　ITSによるサービス

サービス		アプリケーション名
道路上における情報提供サービス	情報提供	安全運転支援情報提供
		注意警戒情報提供
		多目的情報提供
		長文読み上げ情報提供
		渋滞・旅行時間情報等の提供
		駐車場情報の提供
	情報収集	車両ID情報収集
		時刻・位置情報収集
		地点速度・方位・加速度・角速度情報収集
		気象情報，車両挙動情報収集
		運行情報収集
道の駅等情報接続サービス		入場車両等への情報提供
		各種情報の提供
公共駐車場決済サービス		決済処理
		入退場管理
		施設情報提供

出所：国土交通省交通局資料（http://www.mlit.go.jp/road/ITS/j-html/）。

交通関連情報の提供が主な目的である。具体的には，道路上における情報提供，道の駅等情報接続，公共駐車場決済サービスがある（**表3-1**参照）。そもそもVICSとは，どのようなシステムなのだろうか。VICSは，1990年3月に警察庁，郵政省，建設省によって立ち上げられた「道路交通情報通信システム」の略称である。このシステムを使うことで，ドライバーは運転しながら必要な情報が得られ，渋滞を避け，危険を回避でき，より安全でスムースな走行ができるようになる。

1991年10月に201法人・団体が集まり，事業・システムの検討がなされ，1995年7月に財団法人VICSセンターが発足した。VICSセンターから情報を発信する形で1996年4月から東京圏でサービスが開始された[2]。1999年4月にはFM多重放送による情報提供の終日サービスが開始され，2003年2月には全国へサービスエリアが拡大した。情報は，次の3つの媒体で受け取ることができる。

(1)　県単位の広域情報を発信するFM多重放送
(2)　高速道路に設置され，高速道路情報を発信する電波ビーコン
(3)　一般道路に設置され，一般道路の情報を発信する光ビーコン

効果として，2004年度に国土交通省が行ったVICSユーザーアンケートによれば，「渋滞の道路状況が分かり心理的に余裕ができる」，「目的地までの道路状況が分かる」，「渋滞等を避けてルート検索ができる」という利点をあげた利用者が60％を超える結果となった。VICSは，都道府県警察，道路管理者から得られた情報が財団法人日本道路交通情報センターに集められ，VICSセンターから3つの媒体へ情報が送られる仕組みになっている。この情報は利用者が無料で利用できるシステムとなっている。

2005年には，国土交通省が「IT政策パッケージ2005」（2005年2月IT戦略本部決定）を設定し，より高精度な道路交通情報提供を推進しようと試みた。また，VICS車載器（VICSシステムによる情報を受信する機器）を活用したプローブ情報（VICS車載器を活用した自動車からの情報）の収集のあり方等について，産学官で議論する場として，VICSプローブ懇談会が設置された。これによると，VICSセンターへの期待として，「情報を一層見やすくして欲しい」，「渋滞状況と所要時間をより正確にして欲しい」，「できるだけ多くの道路について情報提供して欲しい」，「目的地や経由地までの渋滞情報，さらに渋滞予測情報，道路交通に関連するその他の情報の提供が欲しい」といった要望が出て，その要望に応えるため，規格・仕様を定め，2007年からのサービス開始を目処に議論がなされた。

VICSによる情報を受け取り活用するためには，媒体となるカーナビが必要である。カーナビはどの程度普及しているのかみておこう。**図3-2**を参照

図3-2　カーナビ・VICS出荷台数

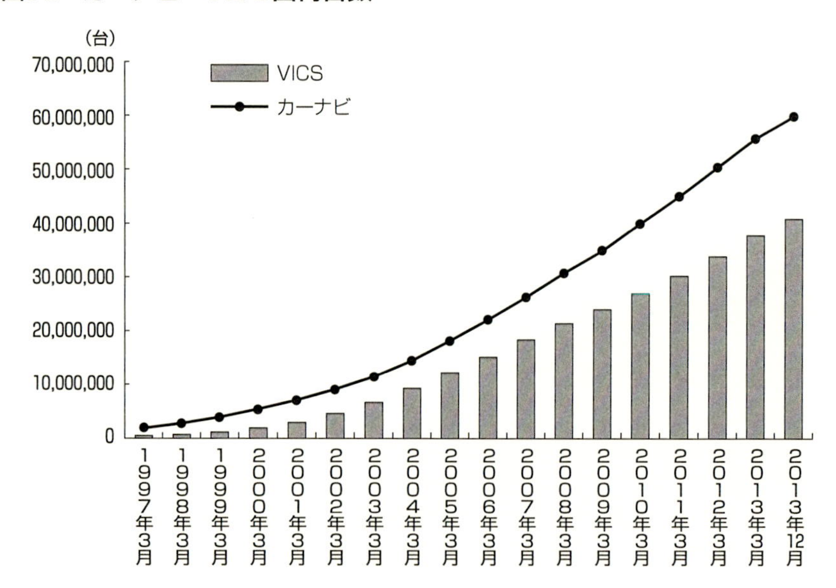

出所：国土交通省道路局ITSホームページ（https://www.mlit.go.jp/road/ITS/j-html/）を基に筆者作成。

いただきたい。この図はVICSによるサービスの始まった1996度から2013年12月までのカーナビとVICS車載機の出荷台数を示したものである。県単位の広域情報を発信するFM多重放送による情報は，ほぼすべてのカーナビが活用できる。一方，電波ビーコン，光ビーコンを受信するユニットはオプション扱いのカーナビが大半で，これらの情報を利用する場合，オプションを選択する必要がある。だが，VICSユニットが情報媒体として活用できる環境になってきているのは間違いない。

次に，自動料金収集システムについてもみておこう。これは，ETC（Electronic Toll Collection System）と呼ばれ，有料道路の料金所ゲートに設置したアンテナと車両に装着した車載器との間の無線通信により，自動的に通行料金の支払いを行うシステムのことをいう。ETCは1995年に旧建設省土木研究所，道路４公団と10コンソーシアムの民間企業と共同研究により

図3-3　ユビキタスITSの研究開発

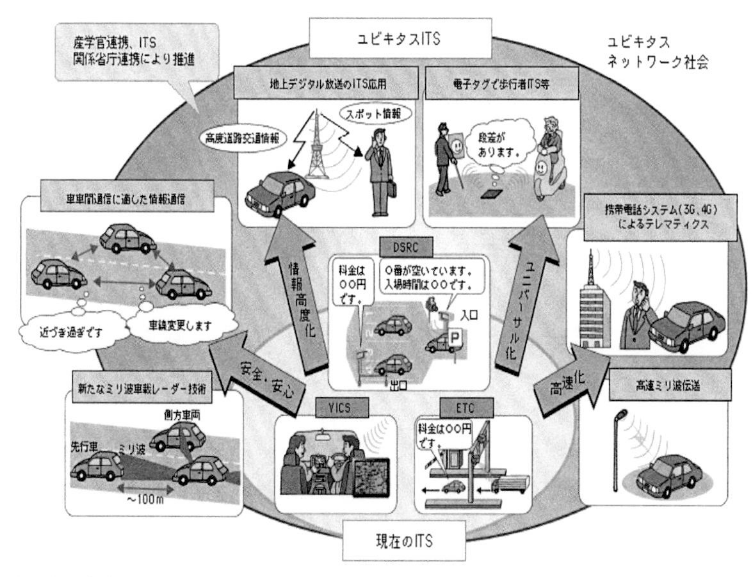

出所：「平成19年度情報通信白書」総務省，p.278。

始められ，1997年度までの料金所の渋滞解消，利用者サービス向上，管理コストの低減を目標に研究が実施され実用化された。

日本のETCは，国際標準化された5.8GHz双方向通信のDSRC（Dedicated Short Range Communication）（狭域通信）が使われている。個々の車両の利用経路を容易に特定できるというメリットがあり，利用者ニーズに応じた料金施策の導入が可能である。ETC利用車に特化したサービスとして高速道路での割引などがある。ETCを使った多様な料金施策を導入し，利用者がメリットを実感できるさまざまなサービスがあるのである。

ETCを利用者にとって便利で安心なものにするため，1999年（財）道路システム高度化推進機構（ORSE）が設立され，情報の安全確保のための高度なセキュリティサービスの一元化もなされている[3]。

図3-3をご覧いただこう。これはユビキタスITSのイメージ図であるが，現

在のITSをベースとして将来的に実現されると考えられるユビキタスITSの予想図である。現段階では，ITSは限られた使い方しかなされていない。総務省は，将来的には安全・安心，情報高度化，ユニバーサル化，高速化という４つの方向性へ発展させると示唆している。これらを実現するために，民間と行政機関との協力体制が求められ，各メーカーもITSを積極的に活用しなければならなくなってきている。

2-2 ニーズの変化

1990年代は自動車産業にとって１つの転換期であった。東京海上研究所が「ユーザーにとって車の魅力とは何か」を顧客とディーラーの営業担当者に対し調査した意識調査で興味深いものがある。結果として，顧客からは「いつでも好きなところにいける」，「生活が活動的になる」，「必需品」といった回答が得られた[4]。

一方，「日本で販売されている車の魅力」に関して，「全体的に平凡で突出するものがない」(38.9％)，「魅力的な車とあまり魅力的でない車が半々」(35.3％)，「多くの車が魅力的」(19.4％)，「魅力的な車はない」(5.6％)，「その他」(0.5％) と答えている。これがディーラーの営業担当者では，「全体的に平凡で突出するものがない」(41.1％)，「魅力的な車とあまり魅力的でない車が半々」(33.6％) となり，顧客層と認識の差異があることが分かっている。

また，「魅力として足りないものは何ですか」(複数回答) という質問に対し，「デザインが似かよっていて個性がない」(86.2％)，次いで「魅力的な車は値段が高すぎる」(43.3％)，「全体に値段が高すぎる」(29.8％)，「長く乗っていると飽きがきて愛着がわかない」(17.6％)，「本当に欲しい機能が備わっていない」(10.6％) と答えたのである。

これらの結果から，性能面にはほぼ満足しているが，デザイン，価格に不満を持っていると結論づけている。だが筆者が注目したのは，「その他」の中で述べられていた以下の意見である。

⑴　不必要なものが多く付いていて，高価格になっている。
⑵　同じような装備に同じような価格，同じようなデザインでは魅力的なものでも平凡に変わってしまう。
⑶　モデルチェンジが早すぎて，2～3年で古さを感じる。
⑷　値段の割に，安全性への配慮が足りない。

また，「新車販売で重要になってくる取組みは何か」（複数回答）という営業担当者への問いについては，「アフターサービスの強化」（62.1％），「訪問販売の強化」（43％），「店頭販売の強化」（38.4％），「カーライフアドバイザー」（33.2％），「車の品揃え」（24.6％），「低利のローン」（23.8％），「地域への貢献活動」（11.5％），「各種イベントの企画」（10.2％），「ユーザーの啓蒙活動」（6.4％），「モデルチェンジの活用」（5.1％），「その他」（3.6％），「値引き販売」（2.6％）と答えていた。

「日本の車社会のマイナス要素は何であると考えるか」という質問に対して，ディーラーの代表者，営業担当者は，「排ガス等の環境問題」，「交通事故」，「道路・高速道路の質量不足」，「廃車の処理」，「渋滞，販売における過当競争・大幅値引き」，「交通ルールの非遵守」，「保管場所不足」，「目的地での駐車場不足」，「煙草・空き缶の投げ捨て」，「RV車による自然破壊」などと回答としている。これらからメーカーは，「環境」，「交通事故」，「渋滞」というキーワードを意識しなければならないとの分析がなされている[5]。

1980年代までは，とにかくクルマを所有することが最優先された。それがクルマの増加に伴い，「環境問題」，「交通事故」，「渋滞」という問題が発生したこともあり，1990年代は「デザイン」，「価格」，「安全性」へとニーズが変化していくのである。

3 ITSを使ったマーケティング

3-1 トヨタのカーナビによる差別化戦略

ブラウンとドゥグッドは，ITが社会に与える影響として「テクノロジーの進化は我々に境界，つまり企業間，ネットワーク間，コミュニティー間，地域間そして制度間の境界の概念に対する見直しを迫っているが，それにはまず，それらの存在を認めることから始めなければならない」[6]と言及している。これは，自動車産業においても同様のことがいえよう。

メーカーも認識はさまざまである。例えば，商品戦略では，ホンダは新型ハイブリッド専用車の発売，新型クリーンディーゼルエンジンの開発強化，新二輪車への取組み強化，燃料電池車の発売，太陽電池パネルの量産開始などで2009年から取り組んでいる[7]。これに対し，トヨタはハイブリッド車で成功を収めていることもあり，クリーンディーゼルエンジンの開発には積極的ではないように思われる。

ここでは，各メーカーがいかにITSを積極的に取り入れ，マーケティングに活かそうとしているのか。まずは製品戦略の中でのカーナビの位置づけから考えてみることにしたい。

表3-2は，トヨタ，ホンダ，日産のカーナビが標準装備なのか，メーカーオプションなのかを一覧にしたものである。これをみると，各メーカーの方向性がみえてくる。トヨタからみてみよう。レクサスでは，HDDナビでVICSのFM多重，電波，光すべてのメディアから情報を受けることができ，ETCも標準装備となっている。これはまだ高価であるHDDカーナビ，VICS，ETCなどを標準装備とすることで大衆車との差別化を図っているといえる。

トヨタは1998年，すでにホームページとは別に，GAZOO（ガズー）[8]を立

表3-2　カーナビ装備と機能（2007年）

メーカー	車種	ナビゲーション標準orオプション	VICS			ETC	通信
			FM多重	電波	光		
トヨタ	レクサス	HDD	○	○	○	○	○
	クラウンマジェスタ	HDD	○	○	○	○	○
	カムリ	OP(HDD)	OP	OP	OP	OP	OP
	アリオン	OP(HDD)	OP	OP	OP	OP	OP
	カローラ	OP(HDD)･OP(DVD)	OP	OP	OP	OP	OP
	ハリアー	OP(HDD)	OP	OP	OP	OP	OP
	RAV4	OP(HDD)	OP	OP	OP	OP	OP
	アルファード	OP(HDD)	OP	OP	OP	OP	OP
	ノア	OP(HDD)	OP	OP	OP	OP	OP
	ブレイド	OP(HDD)	OP	OP	OP	OP	OP
	ist	OP(DVD)	OP	OP	OP	OP	OP
ホンダ	レジェンド	HDD	○	OP	OP	OP	OP
	アコード	OP(HDD)	OP	OP	OP	OP	OP
	CR-V	OP(HDD)	OP	OP	OP	OP	OP
	クロスロード	OP(HDD)	OP	OP	OP	OP	OP
	エリシオン	一部OP(HDD)	○一部OP	OP	OP	OP	OP
	ステップワゴン	OP(HDD)	OP	OP	OP	OP	OP
	フィット	OP(HDD)	OP	OP	OP	OP	OP
日産	フーガ	一部OP(DVD)	OP	OP	OP	OP	OP
	ラティオ	OP(HDD)	OP	OP	OP	OP	OP
	ムラーノ	DVD	○	OP	OP	OP	OP
	セレナ	一部OP(HDD)	○一部OP	OP	OP	OP	OP
	エクストレイル	OP(HDD)	OP	OP	OP	OP	OP

注：HDDはハードディスクナビゲーション，DVDはデジタルヴィデオナビゲーションを指す。
出所：各社ホームページを基に筆者作成。

ち上げて端末をディーラーに置き，独自の情報提供サービスを始めていた。トヨタIT戦略の核となるのが次の４つである。①ITS，②マルチメデイア車載端末（カーナビ），③GAZOO，④トヨタカード（TOYOTA TS3 CARD）である。ITS事業は，自動車社会をIT化することで環境・エネルギー・安全面で対応できる態勢を整え，市場全体を拡大する役目を担う。GAZOOとトヨタカードは，お互いに連携しながら顧客囲い込み，バリューチェーン拡大の役割を担う。なお，トヨタカードはETC用ICカードとしても機能する。また，マルチメディア車載端末は，車自体を端末化/IT化することにより付加価値を高め，シェアの拡大を目的としている[9]。

上記４つの柱を中心に，トヨタのIT戦略が進められた。その最初の対象となった車種が，2004年７月に発売されたクラウンマジェスタである。マジェスタはトヨタブランドの高級車であり，差別化を行うベース車種としては好都合である。クラウンマジェスタでは，**表3-1**で示したITSを通じ，安全運転支援情報，注意警戒情報，多目的情報，長文読み上げ情報，渋滞・旅行時間情報等，駐車場情報，車両ID情報，時間・位置情報，地点速度・方位・加速度・角速度，気象情報・車両挙動情報などがカーナビを通して情報として収集できるようになっている。

トヨタは，**表3-2**からもお分かりのように，情報の媒体となるカーナビをレクサス，クラウンマジェスタで標準装備としている。トヨタは，2003年８月から情報サービス開始した。これはG-BOOKと呼ばれ，当時主流であったDVDカーナビ，カードナビを対象に情報を発信し始めた。G-BOOKは，**表3-3**を参照いただければ分かるように，G-BOOK ALPHA，G-BOOK ALPHA Pro，G-BOOK mX，G-BOOK mX Proというように機能が上がっていく。これはクルマが発売され始めた時期にもよるが，機能による差別化がなされ，カーナビのフルライン化がなされていることがお分かりいただけよう。

基本となるG-BOOKからみてみよう。このサービスは，メーカーオプションでカーナビを装備し，登録することで受けられるサービスである。「ライブナビゲーション」，「インフォメーション」，「エンターテイメント」，「コミュニケーション」，「Eコマース」，「セーフティ＆セキュリティ」の６ジャンルからなり，これらがオンラインサービスとしてカーナビをとおして提供される。

詳しくみてみよう。「ライブナビゲーション」では，グルメスポットや宿泊施設，イベント会場など，位置情報と連動した情報検索ができる。また，ハンズフリー機能，携帯電話を使うことでカーナビや地図との連携もでき，

表3-3　トヨタのサービス

対応サービス	G-BOOK mX Pro	G-BOOK mX		G-BOOK ALPHA Pro	G-BOOK ALPHA	G-BOOK	
ナビ種類	メーカー	メーカー	販売店装着	メーカー	メーカー	メーカーオプション	
	オプション	オプション	オプション	オプション	オプション	(DVDナビまたはカードナビ)	
	(HDDナビ)	(HDDナビ)	(NHDA-W57G)	(HDDナビ)	(HDDナビ)		
接続方法	DCM	Bluetooth®	Bluetooth®	DCM	Bluetooth®	DCM	携帯
	(メーカーオプション)	対応携帯又はアダプター	対応携帯又はアダプター	(メーカーオプション)	対応携帯又はアダプター	(販売店装着オプション)	
アリオン	–	●	●	–	–	–	–
イプサム	–	–	●	–	–	●	●
ヴァンガード	●注	●	●	–	–	–	–
ヴィッツ	–	–	●	–	●	–	–
ヴォクシー	●注	●	●	–	–	–	–
エスティマ	–	–	●	●注	●	–	–
ist	–	–	●	–	–	–	–
カムリ	–	–	●	–	●	–	–
カローラ アクシオ	–	–	–	–	●	–	–
カローラ フィールダー	–	–	●	–	●	–	–
クラウン マジェスタ	–	–	–	●	–	–	–
クラウン ロイヤル	–	–	–	●注	●	–	–
ノア	●注	●	●	–	–	–	–
ハイラックス サーフ	–	–	●	–	●	–	–
ハリアー	–	–	–	–	●	–	–
プリウス	–	–	–	–	●	–	–
ブレイド	–	–	●	–	●	–	–
RAV4	–	–	●	–	●	–	–

注：DCM（データコミュニケーションモジュール）はナビとセットでメーカーオプション（除く一部グレード）。
出所：㈱トヨタ自動車ホームページ G-BOOK.com
（http://g-book.com/pc/etc/gbook_carlist/gbook_carlist.asp）資料を一部筆者修正。

ドライブサポート，セキュリティサービス，エマージェンシーサービスを受けられる。

「インフォメーション」では，ニュース，天気，占いなどをカーナビに提供している。「エンターテイメント」では，ゲーム，カラオケ，BGMなどが車内で楽しめる。「コミュニケーション」では，メールや伝言板など，他のユーザーと情報をやりとりすることができる。

「Eコマース」では，GAZOO.comのショッピングサイトでオンラインショッピングができる。「セーフティ＆セキュリティ」は，もしものときのトラブルに対応するサービスでクルマの位置を特定するマイカーサーチ，故障したときのレッカー車手配などを行うロードアシスト24，車検や点検の時期を知らせてくれるリモートメンテナンスサービスを提供する。これらのサービスがDCM（データコミュニケーションモジュール；通信費込み）接続で年間12,000円，携帯電話（通信費別）が年間3,600円で提供される。

G-BOOK ALPHAは，「安心・安全」，「ドライビングインテリジェンス」，「アミューズメント」に集約したサービスをコンセプトとして，2005年からサービスが開始されている[10]。具体的には，「安心・安全」では，事故・急病時に手配をしてくれるヘルプネットがある。「ドライビングインテリジェンス」では，VICSによる最新交通情報と過去の統計データから総合的に今後の道路状況を予測し最適ルートを案内するGルート検索，90分後までの渋滞を予測して提供してくれる渋滞予測，365日24時間，オペレーターがお客様に代わって情報検索やナビ設定をするオペレーターサービスがある。なお，クラウンロイヤル・アスリート・マジェスタでは，オーナー専用のオペレーターサービス等が追加になる。「アミューズメント」に関しては，ハードディスクにあらかじめインストールされた楽曲を手軽に楽しめるオンデマンド・カーオーディオや，ハードディスクにCDタイトルを読み込ませると，データベースより自動的にアーティスト名や曲名を検索し記録する機能や，ハードディスクにあらかじめインストールされたカラオケ10,000曲（各社5,000曲）を毎月定額[11]支払うことで歌い放題になるサービスなどがあげられる。さらには，ハードディスクにあらかじめインストールされたBGM169チャンネル（800曲）も毎月定額[12]で提供される。これらのサービスは，ヘルプネットのみ利用登録料[13]がかかるが，それ以外は利用料が無料で提供される。

これがG-BOOK ALPHA Proになると，クルマが盗難等にあった場合のサービスが追加になる。所有者のキー以外での不意のエンジン始動（ACC-ON）

があった場合，G-BOOKセンターがこれを検知すると，所有者のメールアドレスへ知らせてくれる。また，無理にドアがこじ開けられると，オートアラームが作動し，G-BOOKセンターがこれを検知してメールや電話で知らせてくれる。それに加えて，所有者の要請があれば，オペレーターが盗難車両の位置情報を検索・追跡，オペレーターが警備員を派遣し，車両の確認まで行う（G-Security）。DCMを利用した音声通話サービス，携帯電話を使用せずにハンズフリー通話が可能となるサービスも追加になる。これらは，新車登録から初年度は無料だが，次年度から年に12,000円を支払うことで継続してサービスが受けられる。

G-BOOK mXでは，車検や点検の案内をカーナビ画面に表示するだけでなく，車検や点検をネットで予約でき，オイル交換や給油の状況を記憶しておいてくれる。また，安心のサービスとして，グループ会社のあいおい損害保険が提供する「ちょこっとお出かけ保険」も用意されている。「あいおい損害保険(株)」，「(株)損害保険ジャパン」，「東京海上日動火災保険(株)」，「三井住友海上火災保険(株)」の4社は，カーナビ画面で現在契約している保険の内容確認もできる。

「ドライビングインテリジェンス」では，マップオンデマンドと呼ばれる地図更新サービスも提供される。通常，地図更新は年に2回，更新CDを購入し更新していたがパソコン，電話で連絡するとCDが送付され，携帯電話，DCMと接続すれば地図を更新することができる。カーナビ地図を常に最新の状態に保つことができ，より快適な経路探索・案内ができる[14]。

「アミューズメント」としては，G-SOUNDと名づけられた音楽サービスが受けられる。他にも「ライブナビゲーション」，「インフォメーション」，「エンターテイメント」，「コミュニケーション」毎に分類された多種多様な情報提供，サービスが受けられるようになっている。

G-BOOK mX Proになると，G-Securityに加え，自動車保険「PAYD」が追加される。DCMを使い走行距離に応じた保険料を計算し，継続手続も自動でやってくれる。

話は戻るが，G-BOOK mXは携帯電話を利用したサービスのため，通信料は必要だが，利用料は無料である。G-BOOK mX ProはDCMを使ったサービスで，料金は新車登録から初年度は無料だが，次年度からは年に12,000円を支払うことになる。

表3-3を改めて参照いただきたい。G-BOOK mXは，メーカーオプションのHDDナビか，販売店装着のNHDA-W57Gとなっている。NHDA-W57Gとは，販売店で装着できるHDDナビのハイエンドバージョンで高価なナビゲーションである。いうまでもなく，レクサスはG-BOOK mX Proのサービスに加え，新車登録から３年間整備，点検が無償で受けられるサービスが付加されており，トヨタブランドとの差別化が行われている。

ITSを使い，進化し続けるカーナビを提供し続けるのはなぜか。クルマの走行技術が成熟段階に達したと考えられる今日，競争を抜け出すための差別化は，サービスにより心理的便益を向上させることである。トヨタのカーナビに顧客が満足し定着してくれれば，乗り換え時のグレードアップにもつながる戦略の１つになると考えられる。

3-2 ホンダのITS活用

ホンダとトヨタで大きく異なる点が１つある。それは，ホンダが軽自動車を製造販売しているということである。ホンダは，団塊世代を中心に軽自動車への乗り換え現象が近年みられることに着目し，虎視眈々と準備を進めてきた。ホンダは2005年から「生涯顧客満足」[15]というスローガンを掲げ，一度捕まえた顧客に一生ホンダに乗ってもらおうと戦略を進めてきた。当初，ホンダでは，ユーザーは自社が力を入れているミニバンからセダンに乗り換えるであろうと予測していた。しかし実際には，軽自動車への買い替えが多く，予測が見事に裏切られたことが，上記「生涯顧客満足」というスローガンの戦略のそもそもの始まりである。軽自動車は普通車に比べ販売奨励金が少なく，価格が安いために多売しなければ収益が上がらない。「カーナビゲーションなどのオプション品か，保険契約，ローンなどを組み合わせて，何とか儲けさせてもらっている」（販社社長）という状況である。メーカーも軽自動車で収益の出るクルマをつくることに必死で，販社支援ができない状況になっている。

ホンダの場合，トヨタと同じマーケティング戦略では体力的にもたない。これはITS活用においても然りである。ホンダは，世界で初めてカーナビを発売したメーカーであり，当然のごとくカーナビに対する取組みは積極的である。2006年純正カーナビの装着率をみても，エリシオン約95%，インスパイア約90%，エディックス約85%，オデッセイ約80%と高い装着率となっている。これについて，ホンダは，「無料で，簡単で，機能が優れている，という理由で，現在，多くの方がHondaの純正ナビを選び，プレミアムクラブ[16]（インターナビプレミアムクラブの略称）に加入しています」[17]とコメントしている。

プレミアムクラブは，携帯電話と接続することで受けられる2002年10月から開始されたサービスである。ホンダのプレミアムクラブは，機能に優れ，利用料が無料（携帯電話の通話料のみ）で簡単にサービスが利用できることが選ばれる理由という。またウイルコムのカーナビ専用サービスを使えば，年間11,638円で使い放題となり，トヨタの年額12,000円より若干だが安くなる。ただし，地図更新には次のような難点がある。地図データ更新はHDDをディーラーにて取り外して預かり，書き換えセンターでデータを更新する。その間（最短1週間程度）はナビゲーション機能，サウンドコンテナ機能などが利用できなくなってしまう。トヨタが携帯電話，DCMを使って地図の更新ができるのに比べ不便である。そこで，この問題を解消したのが，2007年から発売されたフィットである。フィットでは，トヨタのように，携帯電話を使った地図更新が可能となった。

ホンダのプレミアムクラブは，トヨタのG-BOOKとは若干方向性が異なっている。トヨタのG-BOOKでは，自動車で走る，車内で楽しむなど，あらゆる情報を提供しようとしている。これに対し，ホンダのプレミアムクラブでは，走ることに重点が絞られている。例えば，渋滞回避のためにVICS情報が使われるが，ホンダは独自のインターナビVICSという情報を提供している。VICS[18]は限られた範囲のみの情報しか提供していないが，インターナビVICSはプレミアムクラブ会員（純正カーナビを装備し，登録された車両所有者）から集めた情報も加味し，車線別情報も加味した精度の高いルート案内ができる。ホンダによれば，「所要時間は，VICS情報のみを利用した場合に比べて平均8.1%，VICS情報を利用しない場合に比べて平均19.8%短縮でき，CO2の削減も期待できる」[19]という。

また，出発時刻アドバイザーでは，Google社の地球儀ブラウザ，Google Earth TM上にルート計算結果を表示することができようになっている。Google Earth TMは，周知のように衛星写真を使った地図で，リアルに表現される。これに交通情報を加味した出発・到着時間，料金が表示される。それに出発地点から目的地までバードビュー[20]で確認することもできる。

2007年からホンダは，ドライバーに豪雨地点や地震地域など，運転に影響を与える可能性のある情報を事前に通知するサービスを開始した。安全で最適なルートの選択を可能にするためである[21]。また地震発生場所付近を走行している場合，震度5弱以上の地震情報をナビゲーション画面に表示してくれるので危機回避に役立つ。さらにクルマから自動で家族などに位置情報を送信し，位置情報付き安否情報サービス[22]も提供してくれる。その他にも，パーソナルホームページサービス[23]，駐車場セレクト[24]，愛車メンテナンス情報[25]というように，至れり尽くせりのサービスを提供する。

さらに，有料サービスではあるが，カーナビ画面からハンズフリー電話で接続し，日本全国24時間365日，緊急時やクルマの使用方法などの問い合わせに対してオペレーターが対応するカスタマーケアサービスとして，QQコールがある[26]。これは，トヨタのロードアシスト24，リモートメンテナンスサービスと同様のサービスである。

ホンダアニュアルレポート2007によると，「届出車については前年度末に発売したゼストが寄与したことなどにより，28万3千台と前年度にくらべ16.8%の増加となりました。登録車については，フルモデルチェンジしたストリームやCR-Vなどの販売は好調に推移したものの，厳しい市場環境の影響を受け，40万8千台と前年度にくらべ12.6%の減少となりました」と2006年度を分析した。その結果，軽自動車の売れ行きいかんが，ホンダにとって大きな影響を与えていることが分かる。ホンダの主な軽自動車は，ゼスト，ライフ，ザッツである。ゼストのみがメーカーオプションのカーナビが装着でき，インターナビを利用できる。他の2車種もディーラーオプションのカーナビで対応している。トヨタには無い強みとなっている。

全国軽自動車連合会による2005年の調査をみてみよう。軽自動車は，人口10万人未満の市町村では保有率57%で，すなわち，過半数が軽自動車を所有している。内訳として，ユーザーの65%が女性，22%が60歳以上である。また78%の世帯で，他にもクルマを所有している。つまり，低価格，駐車場所もとらず，小回りも利く軽自動車は女性や高齢者に人気が高く，セカンドカーに最適ということである[27]。

ホンダのミニバンは80%以上のカーナビ装着率を誇る車種であるが，軽自動車に限っていえば，カーナビ装着率が低い。車両が130万円程度にもかかわらず，カーナビは約25万円と車両価格の1/5を占めてしまう。ターゲットを地方都市に住む既婚女性に絞り，この層にどう売り込んでいくかがマーケティング上1つの課題であると考えられる。

トヨタは，国内だけでなく世界市場でも多種多様なニーズに応えるため，サービスを細分化し，差別化を図る戦略をとっていると考えられる。一方，ホンダは国内でのシェア拡大競争もあるが，世界市場では特に北米を中心にシェアを拡大してきた。当然のことではあるが，現有の顧客の信頼を裏切ってしまってはシェア減少になる。それゆえ，ホンダは差別化のために自動車を運転する際の安心・安全に重点を置いたサービスを行い，拡販可能性の高い軽自動車にも力を入れている。トヨタとホンダでは同じITS技術を使いながらも，明確なコンセプトの差違がみられるのである。

4 ITSマーケティングの有効性

2007年5月からETCとカーナビを連動させた通信システムを利用して交通事故を減らし，自動車の利便性を向上させるため，国土交通省とメーカーなどによる「スマートウェイ推進会議」のもと，首都高速道路で試験走行が始まった。これまで認識の難しかったカーブの先，トンネル内の道路状況を画像と音声で運転者に伝えるというものである[28]。実験段階では成功しているが，実用化にはコストの問題がある。多発する交通事故，日常的な渋滞，駐車場不足など，日本の社会で解決すべき問題はまだまだ多い。

本章では，トヨタとホンダを事例にITSを活用したマーケティングを考察してきた。トヨタは製品がフルラインということもあり，これに対応しグレードに応じた差別化がなされていた。一方，ホンダは運転時に特化したサービスに特徴があり，ホンダのブランドイメージである「走り」を強く意識させるものであった。ただ筆者が残念に思うのは，コストの問題もあり，軽自動車へのカーナビの装着率が十分でないところである。女性や高齢者ユーザーを取り込むためにも1つ工夫が欲しい。そうすれば，トヨタにはない強みとなる。

しかし，顧客層がこれらのような多目的サービスを本当に必要としているのだろうか。いかに多種多様なニーズがあるにせよ，過剰サービスではないのか。情報提供は無料だが，これを受けるカーナビの価格が高すぎる。トヨタG-BOOK，ホンダインターナビプレミアムクラブも実際使ってみて，その便益性を体感し，顧客層が本当に自分にとって必要な機能であると認められなければ，囲い込みに成功したとはいえない。

現状では，富裕層だけがその便益性を体感しうるに過ぎない。大衆にとって魅力的なクルマは価格が高すぎる。トヨタのG-BOOKが使える HDDナビが半額の15万円程度にならなければ普及は難しい。メーカーはせっかくの技術が宝の持ち腐れにならぬよう，カーナビをオプションではなく標準装備化し，サービスを受けるか否かを顧客が選択するようにしていただきたい。どんなに優れた情報サービスであっても顧客層が体感できなければ，便益性すら理解してもらえない。

そのためには，カーナビ，VICS，ETCのさらなるコストダウンが必要である。カーナビの標準装備化が進行し，これらの情報を活用できるようになれば，日々の渋滞も緩和され，悪天候，交通事故によって失われる人命も減少し，日本の道路事情の改善につながると考える。近い将来，これが現実になることを願ってやまない。

《注》

1　詳細は浅沼萬里（1990）「現代の産業システムと情報ネットワーク－「市場」概念の再構築をめざして－」京都大学『經濟論叢』第146巻第1号を参照いただきたい。

2　国土交通省によれば，「交通流を適切に分散させ，道路交通の安全性や円滑性を向上し，さらには道路環境を改善するために，日本が世界に先駆けて1996年4月よりスタートさせました」という（http://www.mlit.go.jp/road/ITS/j-html/）。

3　国土交通省道路局（http://www.mlit.go.jp/road/ITS/j-html/）。

4　下河辺淳・東京海上研究所編（1994）『新クルマ社会』東洋経済新報社，pp.55-72。

5　下河辺淳・東京海上研究所編（1994）前掲書，p.70。

6　Brown, J. S. and P. Duguid（2000）*the Social Life of Information*, Harvard Business School Press, Boston（宮本喜一訳『なぜITは社会を変えないのか』日本経済新聞社，2002），p.307.

7　青野豊作（2007）『新ホンダ哲学7プラス1』東洋経済新報社，pp.22-24。

8　会員制ポータルサイト。

9　デルフィスITワークス編（2001）『トヨタとGAZOO　戦略ビジネスモデルのすべて』中央経済社，pp.176-181。

10 http://g-book.com/pc/whats_G-BOOK_ALPHA/concept/。

11 歌い放題コース月735円，チケット利用の場合は，２枚315円，８枚1,050円，18枚2,100円。

12 聴き放題コース月315円，チケット利用の場合は１枚399円，３枚1,050円，10枚3,150円。

13 利用登録料（1,050円/２年（税込））が必要。ただし，新車登録日が平成19年５月１日以降の場合は，新車登録日より３年間標準付帯。４年目以降は1,050円/２年（税込）の利用登録料が必要。オペレーターサービスは210円/月（税込）のオプションサービスとなる。

14 ユーザー毎に更新エリアを設定することで，そのエリア内の道路変更部分のみを配信するなど，素早い更新を可能にし，変更された道路が更新エリア外に及ぶ場合も，他の道路とのつながりが確保されるまで更新エリアを自動で拡大して必要なデータを配信する（http://g-book.com/pc/whats_G-BOOK_mX/mapondemand/）。

15 「軽自動車，販売競争のウラ側」『日経ビジネス』2007年４月２日号。

16 トヨタのG-BOOK mX同様のホンダでのサービス名。

17 http://www.honda.co.jp/internavi/study/。

18 FM多重放送は，県単位の広域情報。電波ビーコンは，高速道路での前方200km程度の情報。光ビーコンは，一般道路で前方30km程度の情報を提供する。

19 通常のVICSの約８倍にあたる36万キロの道路情報をカバーすることが可能で，さらにインターナビVICS情報には，直前までの交通状況変化をもとにしたリアルタイムの渋滞予測データも含むため，より早く到着するための最適ルートや，精度の高い到着予想時刻の提供を実現している（http://www.honda.co.jp/news/2007/4070409.html）。

20 空を飛ぶ鳥のように，空の上から下を見るような視点。

21 インターナビVICSの通過予想時刻に基づく，約10分先までの時間雨量30mmを超える豪雨地点予測情報をナビゲーション画面に表示する。

22 「地震情報」対象エリアの付近に位置するクルマが，事前に登録しておいた家族などのメールアドレスに自動で位置情報を送信する。メールの受信者は，インターネットまたは携帯電話サイトの地図画面で位置確認が可能である。

23 インターネットを介して，カーナビとパソコン，携帯電話を連携させ，各種ドライブ情報や，実際の走行距離と連動したカーケア情報を提供することを目的としている。

24 クルマのサイズに合わせ，駐車可能な駐車場だけを自動セレクトして案内してくれる。

25 パーツ・消耗品の適切な交換時期，車検，免許・保険などの更新時期が近づくと，メールやパーソナル・ホームページで知らせてくれる。

26 入会金2,100円と年会費4,200円。レジェンドでは３年間標準付帯されている。

27 社団法人全国軽自動車協会連合会資料。

28 「"新カーナビ"は安全装置」『日経ビジネス』2007年６月４日号。

第4章

自動車エントリー世代を取り込むために

1 自動車エントリー世代

リーマンショックに端を発したデフレは消費を低迷させていった。当然のことながら，新車販売台数は伸び悩み，1980年代の販売台数にまで低下してしまうことになる。その影響をまともに受けたと思われるのが，100年続いた自動車メーカーの巨人GM（General Motors）の経営破綻である。GMの破綻は，アメリカのみならず，自動車産業にとって大きな衝撃であったと考えられる。

自動車産業の変化と並行して社会の変化も進行した。例えば，情報通信のめざましい発展をあげることができる。大衆へのパソコン，携帯電話の普及はインターネット，電子メールを身近なものにし，多用されるようになっていった。各メーカーはホームページを開設し，メールマガジン配信等を行い，これらをマーケティングツールとして利用するようになっていく。

これらの変化は，学術研究の対象となり，多くの論考がなされるようになっていく。例えば，モバイル経済学を提起した山﨑・玉田（2000），インターネット社会マーケティングの石井・厚美（2002），戦略論的分析の原田・三浦（2002），ネット・コミュニティマーケティング戦略の池尾（2003），オンライン・マーケティングの小川（1999），自動車インターネット戦略の安森（1999）などが，代表的な先行研究としてあげることができる。

筆者が先行研究の中で注目したのは，山﨑・玉田（2000），恩藏・及川・藤田（2008），安森（1999）の研究である。山﨑はインターネットを空間克服技術と呼び[1]，安森はマーケティングの有効なツールとして11の視点を提起した[2]。恩藏・及川・藤田はモバイル（特に携帯電話）に注目し，モバイル・マーケティングを日本発の理論概念として顧客の来店促進に有効活用できると述べ，理論化に着手[3]したのである。他にも，自動車産業の負の部分にも視点が向けられるようになった。例えば，排気ガスによる大気汚染，地球温暖化問題である。

これらは世論の高まりもあって規制がなされるようになり，メーカーは対応を強いられることになる。メーカーは対応策として，以下の３つの方向性を示している。

⑴　水素と酸素を化学反応させて動く燃料電池車の市販化
⑵　ガソリンエンジンと電気モーターを組み合わせて動くハイブリッド車の普及
⑶　電気自動車の普及

メーカーによる製品戦略の変化に加え，もう１つ忘れてはならないことがある。それは顧客ニーズである。近年の少子高齢化と20歳代を中心とするクルマ市場へのエントリー世代（18歳から24歳までとしておこう）のクルマ離れは，自動車産業にとって深刻な問題となってきている。エントリー世代のクルマ離れは，将来的に国内市場縮小を招く大きな要因となりかねない。特に，クルマ離れの傾向は公共交通が整備されている大都市地域で顕著になってきている。男女別にみても，20歳代女性の約４割が「自動車に興味を持ったことがない」と答え，20歳代男性も４分の１が「興味がない」[4]と回答する始末である。

この他にも，エントリー世代が自動車に興味を示さなくなってきた例はある。それはモーターショーの来場者数の減少である。これまでモーターショーは自動車に興味を持ったエントリー世代の来場が多かった。それゆえ，メーカーもマーケットリサーチの場として利用できた。それが2009年の東京モーターショーでは来場者数の減少だけでなく，出展メーカーまでもが減少してしまった。

これらの状況に危惧を抱いた日本自動車工業会は正確に状況を把握し，マーケティングに活かすために調査を実施した。その結果が「乗用車市場動向調査〜クルマ市場におけるエントリー世代のクルマ意識〜」として公表される。自動車産業の共通認識として情報共有し，対応していこうとしたと考えられる。

本章では，「メーカーはエントリー世代を取り込むためにどのように対応しようとしているのか」について，インターネットを使った情報発信とディーラーでのフォローアップを中心に考察を行った。

2 情報ツール

2-1 携帯電話

インターネットが使えるツールの１つとして携帯電話が考えられる。2008年，携帯電話の国内市場はNTTドコモ，au，ソフトバンクの３社による寡占となっており，この３社でシェアの約90％を占めている。なぜこの３社が選ばれるのか。J.Dパワーアジア・パシフィックが行った日本携帯電話サービス顧客満足度調査によると，携帯電話の満足度に与える影響要因として「電話機（以下キャリア）」（32％），「企業イメージ」（23％），「各種費用」（13％），「非音声機能・サービス」（12％），「顧客対応力」（11％），「通信品質・エリア」（９％）という６要因で評価されるという。結果として，au，NTTドコモ，ソフトバンクの順で評価[5]されていた。

それでは，携帯電話はどのような道具として使われているのであろうか。**表4-1**をご覧いただこう。20歳から34歳までは「メールする」が最も多く，20歳から29歳では「コミュニケーションする」が続く。それが30歳から34歳では「話す」になる。20歳代と30歳代では若干の差異がみられる。他に20歳から24歳の３位，20歳から29歳の５位，30歳から34歳の４位にあげられた「生活のために絶対必要」という結果になる。

表4-1　携帯電話は自分にとってどのような道具なのか

	15歳～19歳	20歳～24歳	25歳～29歳	30歳～34歳	35歳～39歳
1位	メールする	メールする	メールする	メールする	話す
(%)	36.1	31.4	27.5	34.0	30.4
2位	コミュニケーションする	コミュニケーションする	コミュニケーションする	話す	メールする
(%)	16.5	20.9	23.2	28.0	27.2
3位	遊びが出来る	生活のために絶対必要	話す	コミュニケーションする	仕事で必要
(%)	13.4	14.0	17.4	15.0	13.0
4位	生活のために絶対必要	話す	仕事で必要	生活のために絶対必要	コミュニケーションする
(%)	12.4	12.8	7.2	8.0	12.0
5位	音楽を聴く	遊びが出来る	生活のために絶対必要	仕事で必要	生活のために絶対必要
(%)	7.2	8.1	5.8	5.0	7.6

出所：ネットエイジア「携帯所有に関する実態調査」
（http://www.mobile-research.jp/investigation/research_date_080812.html）を基に一部筆者修正。

次に携帯電話，パソコン，テレビ，ゲーム機のうち，どれを取り上げられたら困るかという問いには，携帯電話と答えたのが20歳～24歳で66.3％，最も少なかった35歳～39歳でも43.5％であった。

他に「携帯電話を持ち歩いていないと不安か？」と問われ，「かなり不安」32.9％，「少し不安」44.4％，合わせて77.3％が「不安」と回答している。年代別に30代で78.7％，20代77.7％，40代では74.8％と実に７割を超える人々が携帯電話を手放せない状況にある。「携帯電話依存（またはそれに近い）」と自覚している人は20代で35.4％，30代で18.0％，40代で15.0％にのぼった[6]。

2-2　カーナビ

筆者はカーナビ（カーナビゲーション）も携帯電話に準じるツールになりえるのではないかと考えている。1990年代からオプションパーツとして装備されるようになったカーナビは，低価格化もあって普及拡大してきている。現在は本来の道案内に加え，テレビ視聴，DVD再生，バックモニターなどの付加価値が付いたものが主流となっている。

カーナビは大きく2つのタイプに分けられる。1つは家電メーカー，カーナビメーカーが製造し製品化しているタイプ（以下，市販カーナビという），もう1つは新車購入時にメーカーオプション，ディーラーオプションでつけるタイプである。また，カーナビは通信機能あり，通信機能なしに分けられる。

カーナビはどのように利用されているのであろう。J.Dパワーアジア・パシフィック[7]が「メーカーや店舗からのサービスサポート」，「ドライビングサポート」（目的地検索やルート案内等の基本機能），「カーライフサポート」（音楽や映像などのアミューズメント，安心・安全のための備え，PCや携帯電話との連携利用等），「通信環境」，「コスト」の5つの要因から評価した調査がある[8]。

その結果から，市販カーナビ・通信機能ありは「ドライビングサポート」(40%)，「カーライフサポート」(31%)，「通信環境」(10%)，「メーカーや店舗からのサービスサポート」(10%)，「コスト」（9%）の順に評価され利用されていた。これが通信機能なしになると，「ドライビングサポート」(43%)，「カーライフサポート」(33%)，「メーカーや店舗からのサービスサポート」(15%)，「コスト」(10%）と評価された。結果的に「ドライビングサポート」[9]，「カーライフサポート」[10]が重視され利用されていることになる。

メーカー純正カーナビ[11]も通信機能があるものとないものに分けて評価された[12]。通信機能ありは「メーカーや店舗からのサービスサポート」(10%)，「ドライビングサポート」(35%)，「カーライフサポート」(38%)，「コスト」(16%）が評価され，通信機能なしは「メーカーや店舗からのサービスサポート」（9%)，「ドライビングサポート」(30%)，「カーライフサポート」(28%)，「通信環境」(14%)，「コスト」(19%）が評価[13]された。

結果的に，メーカー別にはトヨタ，ホンダの「ドライビングサポート」，「カーライフサポート」，「コスト」が評価[14]されていたのである。

3 流通戦略

3-1 モバイルという発想

恩藏らはモバイルがマーケティングツールとして活用できるのではないかと注目している。これは日本発の理論体系になりうるとして,「モバイル・マーケティング論」を提唱した。モバイル・マーケティングの根底には,「市場のコモディティ化」がある。恩藏の言葉を借りれば,「企業間の技術的水準が次第に同質的となり，供給される製品やサービスの本質的部分での差別化が困難で，顧客側からはほとんど違いをみいだすことのできない状況」[15]のことを「市場のコモディティ化」という。

自動車産業では，すでに1980年代からその傾向はみられていたように思われる。１例をあげれば，各メーカーのデザイン，性能が同質的となり，明確な差別化が困難になってきたことをあげることができる。

恩藏は製品差別化戦略，市場参入戦略には，それぞれ４つあると指摘している[16]。製品戦略としては，①機能による差別化，②デザインによる差別化，③ネームによる差別化，④リレーションシップを構築することによる差別化である。

市場参入戦略[17]としては，①既存製品カテゴリーとの差が小さく，知覚差異も小さい市場へ参入する場合の経験価値戦略，②既存製品カテゴリーとの差が大きく，知覚差異の小さい市場へ参入する場合のカテゴリー価値戦略，③既存製品カテゴリーとの差が小さく，知覚差異の大きい市場へ参入する場合の品質価値戦略，④既存製品カテゴリーとの差が大きく，知覚差異の大きい市場へ参入する場合の独自価値（先発）戦略である。

１例をあげてみよう。2005年に日本市場でも発売されたレクサスが，その好例である。新たな国内高級車市場創設を目指したと考えられるが，トヨタ車に比べて多額な資金を使い開発されているにもかかわらず，従来のトヨタ車と視覚的な差異が明確でない。メルセデス，BMW，ロールスロイス等はそれぞれ主張が強く，視覚的にも分かりやすい。レクサスの場合，既存製品カテゴリーとの差が大きく，知覚差異の大きい市場へ参入する場合の独自価値戦略に該当すると考えられるが，高級車として独自の価値を見いだしているか疑問が残る。

恩藏は，「インターネットによりバーチャルなコミュニティが形成しやくすなり，このコミュニティを通じて企業と顧客との接し方に変化をもたらしている」とも指摘している[18]。筆者もコモディティ化が進み，製品差別化が困難になってきている現在，インターネット，モバイルを使った情報発信だけでなく，製品戦略との相乗効果を図るマーケティング戦略の重要性を再認識することが重要になってきたと考える。

このモバイル・マーケティングの理論化の課題が３つ[19]あることも指摘している。

(1) 一時的に注目されたとしても，従来からのマーケティングにやがて取り込まれる。
(2) 一時的な注目で終わることなく，マーケティング研究全体の中で新しい研究領域として確立していく。
(3) １つはマーケティング研究の枠にとどまることなく，その領域から飛び出し独自の学問領域を成立させる。

これらの課題をクリアし理論化できれば，「マーケティング研究の大半が欧米からの輸入を出発としているのに対し，モバイル・マーケティングに関する限り，現在のところ依拠すべき欧米での先行研究は皆無。それだけ極めて挑戦的な研究対照であるとともに，わが国発のマーケティング視点としての可能性を秘める」と述べている。筆者もマーケティング研究の大半が欧米から輸入されていると感じている１人であり，日本の現状に合わせて考察する必要があると認識している。それゆえ，モバイル・マーケティングが一時的に注目されて終わるのでなく，新しい研究領域となっていくのではないかとの考察に異論はない。

しかし，わが国発のマーケティング視点としての可能性を秘めるという点に関しては，慎重に考察することが必要であるように思われる。なぜなら，携帯電話，カーナビといったモバイルツールの機能充実が未だに進んでいて，今日にはない新たな活用がなされるかもしれない可能性と，今以上に利用者が拡大する可能性がある。これらを予測しつつ，可能性と現実との差を常に確認しながら，理論化すべきであると考えるからである。

3-2　エントリー世代の特徴

ここで，エントリー世代と呼ばれる層の特徴をみておこう。日本自動車工業会[20]によれば，18歳から24歳までの男女がこれに該当する。

男性のモデルケースをみてみよう。70.3%が免許を保有，中古車で排気量1,000cc以下の自動車[21]を購入し，１ヶ月に乗るのが300km以内[22]。主な用途として通勤・通学，買物・用足し[23]に利用する。それが女性のモデルケースになると，62.8%が免許を保有，新車で購入した1,000cc以下の自動車[24]に乗り，月に乗るのが300km以内[25]。主に通勤・通学，買物・用足し[26]に利用していることになる。

この世代は少子化，低経済成長時代に育ったこともあり，バブル期を経験した30歳代後半から40歳代のエントリー世代の親世代とは明らかに異なる。両親が共働き，欲しいモノは親が買い与えてくれる中で育っている。小・中学生時代にはゲーム機を53.4%，携帯音楽プレイヤーを35.3%，携帯電話を32.2%が所有していた[27]。このような環境で育った彼らの価値観は努力するより，無理せず，マイペースな生き方をする傾向にある。

消費行動もインターネットを使って情報検索を行い，効率的な買物をしたいという意識が強く，失敗のない，飽きのこないものを選ぶ傾向にある。「買物でローンや借金をしたくない」というように消費に対して消極的で，「分相応なものを選ぶ」という身の丈に合ったお金の使い方をし，「自分の趣味や感性に合ったもの」を選び，商品の見た目のデザインやテイストの好みで選ぶ。一方,「トレンド」にこだわらず,「みんなが持っているものが欲しい」というような意識や他人の持ち物には興味を示さない傾向にある[28]。

購買に関しては，店頭購入が主流であるが，エントリー世代以外は店舗，店員，カタログという従来からのメディアで選択するのに対し，エントリー世代は商品そのものをネットでどこの店が安いのかインターネットで調べ，口コミサイトなどで商品の評判を確認にしてから商品を購入する傾向にある[29]。これらは，エントリー世代が店頭で販売員から情報収集するのではなく，インターネットを通じて事前に情報収集し，その情報を持って来店し販売員と交渉して商品購入するということを示している。

また，エントリー世代は，クルマの使い方も69.2％が家族とクルマを共用し，最近２～３ヶ月でクルマを利用したのが33.3％，週４回以上車に乗るのが地方では30％を超える。一方，大都市に住むエントリー世代は月１回の33.6％である。休日のデートに使用する人が多く，そうでない人は少ない傾向にある。家族とクルマを共用していることが多いため，家族と同乗することが多く，１人で乗る機会が減る傾向にある[30]。

では，エントリー世代はクルマに対してどのようなイメージを持っているのであろう。男性はイメージとして「自由自在」，「走行」の楽しさ，女性は「プライベート空間」，「自己表現」をあげる。だが購入するのに多くのお金がかかり，ガソリン代や駐車場代など，使用に伴う出費や維持費の負担，渋滞に巻き込まれる，事故の心配というマイナスイメージも持っている。電車やバスなどがあれば，必要性を感じないとの意見もある[31]。

そんな彼らがクルマを買うのはいつか。最も多かったのが男性の47.1％，女性の52.8％が答えた「社会人になってある程度預金ができたら」であり，次に男性30.0％，女性26.5％が答えた「社会人になってできるだけ早い時期に」である。大半が社会人になってからクルマを購入使用しようと考えていることが分かる[32]。

3-3　情報戦略

メーカーがインターネットを情報発信する場として活用しようとしていることはいうまでもない。阿部はインターネットが流通に及ぼす可能性として，「インターネットから入手できる多様な流通情報を入手して，主体的で合理的な購買行動をおこなっている」[33]と指摘する。下川も「自動車流通と販売というものについてインターネット情報革命が本当に浸透していくならば，今までほとんどこの領域というのはいわゆる古典的なフランチャイズシステムで守られてやってきたわけだが，その領域にも新たな革新が起こるのではないだろうか」と述べている[34]。このように，先行研究ではインターネットをマーケティング戦略に活用することで，従前のマーケティングに何らかの変化が起きるのではないかと予測していた。

ここでは，本章で考察している自動車産業がターゲットとするエントリー世代に向け，どのような情報発信を行い，需要を喚起しようとしているのかについて考えてみたい。この世代は，前述のように，買いたいものがあれば，それがどんな性能や特徴があって値段がどれくらいで，どこの店が安いのかインターネットで調べ，さらに口コミサイトなどで商品の評判を確認にして商品を購入するといった傾向がある。ともすれば，来月発売予定の新車情報について，セールスマン並みに詳しい情報を入手して来店する顧客も存在する時代である。それゆえ，自動車のブランドイメージ構築のツールとして，インターネット上で発信される情報は重要になってくる。

自動車を購入の際，参考にされる情報源は何であろうか。2008年の調査で

図4-1　自動車を購入する際に参考にする情報源

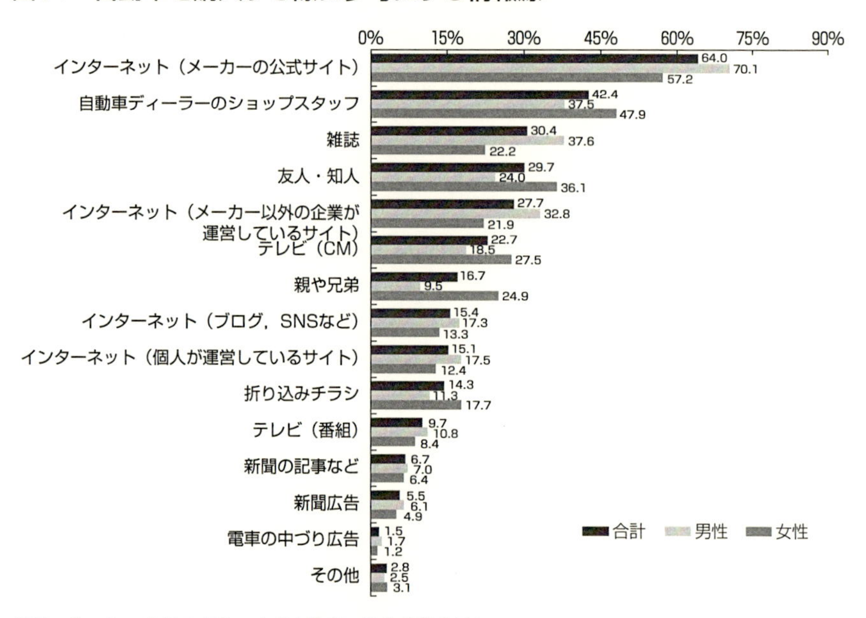

出所：ネットエイジアリサーチ「自動車に関する調査(1)」
（http://www.researchtv.jp/cat14/20080827.php）。

は，「メーカーの公式サイト」64.0%，「自動車ディーラーのショップスタッフ」42.4%，「自動車雑誌」30.4%が上位となっている（**図4-1**参照）。

男性は「インターネット（メーカーの公式サイト）」，「インターネット（メーカー以外が運営している企業のサイト）」，「雑誌」を重視している。一方，女性は「インターネット（メーカーの公式サイト）」，「自動車ディーラーのショップスタッフ」，「知人・友人」，「親や兄弟」からの情報を重視する。男性が「インターネットを介して一方的に収集できる情報源」を多く使うのに対し，女性は「インターネットから得られる情報だけでなく，人間を介したインタラクティブな情報源」を参考にしている傾向にあるといえる。

筆者は「インターネット（メーカーの公式サイト）」，「自動車ディーラーのショップスタッフ」，「知人・友人」，「親や兄弟」からの情報が最も影響力があるのではないかと考えていた。しかし，男性の場合，メーカーの公式サイト，雑誌，メーカー以外の口コミサイトが主な情報収集ツールになっている。女性の場合は，男性よりも若干比率は下がるがメーカーの公式サイトが最も多く，ディーラーのショップスタッフ，友人・知人，テレビから情報を得ていることになる。

さて，情報収集を行ったエントリー世代に人気だったのは，どのようなボディタイプだったのであろうか。コンパクトカー，軽自動車，ミニバン，3ナンバーセダン，ステーションワゴンなどがある中で，特に軽自動車，コンパクトカーが指示される結果となった[35]。

また，男性・女性共に最も利用率が高い情報源はメーカーの公式サイトであったが，公式サイトでの情報提供の仕方によって自社製品に興味を持ってもらえるような情報発信は可能なのだろうか。

図4-2を参照いただきたい。この図には，ダイハツとスズキのHP（ホームページ）の特徴を示してある。スズキはQRコードをHP（ホームページ）に配し，モバイルサイトへもアクセルしやすくしている。QRコードはHPに導くのに有効な手段で10代から20代から支持され，パソコンよりもモバイルからのほうがHPに入りやすいと感じているという[36]。

一般的に，HPは「クーポン利用」（31.6％），「キャンペーンに応募」（30.9％），「商品や店舗の情報を得る」（22.7％）ために利用される。エントリー世代男性は店員と対面で会話，価格を交渉するというような面倒なことをするよりも，手っ取り早くクーポンがあれば，これを入手して店に直行する傾向にある。実際ディーラーでは「ウェブ上で見積もりをし，それをプリントアウトし，価格はこれより安くなりますよね」という商談の仕方が増えてきたという。

モバイルQRコードに導かれて，スズキのモバイルサイトにアクセスすると四輪車，二輪車，電動車両，マリン，企業情報，利用規約，個人情報保護方針から構成されており，四輪車に限ってはディーラー検索，オススメ車情

図4-2　インターネットを使ったディーラーへの誘引

ダイハツHP　→　QRコードなし　→　サイト内ダイハツカフェ案内

ディーラー

スズキHP　→　QRコードあり　→　モバイルサイトへ

ディーラー

注：HPはホームページの略。
出所：ダイハツ工業㈱，スズキ㈱のホームページを基に筆者作成。

報もある。部屋に居ながら「商品や店舗の情報を得る」ことができる。エントリー世代には，必要不可欠なサービスである。

ダイハツ，スズキ２社のHPに共通している項目は，車種紹介，購入からアフターサービスまでのサポート情報である。スズキはサイト内で簡単に情報が得られるよう工夫を施し，利用しやすさを目指している。一方，ダイハツは「ダイハツカフェ」と称し，ディーラーで提供されるスイーツの紹介を行って，ディーラーへ誘引するようにしている。

エントリー世代は，携帯電話を使い，インターネットにアクセスすることが多い。モバイルを多用するエントリー世代に限定していえば，ダイハツよりもスズキが一歩リードといったところである。

ダイハツの場合，カフェプロジェクトはテレビＣＭ[37]も流し，「女性にとってクルマのお店ってなんだか入りづらい」という顧客の気持ちを代弁することをコンセプトに展開されている。また，テレビＣＭでは，ファッションモデルの「はな」を起用し，店舗スタッフが彼女を明るく楽しく，もてなすミュージカル風の仕上がりのＣＭとなっている。実際のディーラーが楽しく・居心地のいい場所であるかは別として，女性１人だけでの入りにくさを改善したいというメーカーのメッセージが伝わってくる。女性はクルマを購入するとき以外は，ディーラーを１人で訪れることはまずない。そこで，ディーラー側が女性のイメージ改革のために一歩乗り出したと考えられる。女性顧客を意識した情報提供という意味では，ダイハツのほうがスズキよりもうまく進めていると考えられる。

他にも，ダイハツが女性顧客を取り込んでいると考えられるものとして，メニューブック[38]がある。「どんなカタチが好き？」，「好きな色は？」，「予算で選ぶ？」，「コンパクトカーもあります」，「誰と乗る？」，「どんなふうに使う？」，「何を乗せる？」，「どんなふうに走りたい？」というように，次々に出される問いに答えると，「あなたのニーズに合ったクルマはコレデス！」といかにも女性がはまりそうな仕掛けが施してある。デザインや使いやすさについても，女性ならではの傾向や習慣に配慮した工夫がこらされている。

極めつけは，DAIHATU CAFE TALKダイハツをつくる女性のチカラ[39]である。このDAIHATU CAFE TALKは，インテリアデザイナー，商品企画部，ボディ設計部，先端技術開発部，デザイン部，国内企画部，実験部商品実験室，ママ＆キッズプロジェクト，ディーラースタッフといった，通常では表に出てこない女性たちが，女性的視点で「クルマについての思い」を語る場となっている。ここで得られる情報は，クルマのコンセプト，グレード別の装備，諸元，エクステリアイメージ，インテリアイメージなど，多様であり，彼女たちの思いが発信されている。

これによれば，顧客は自分の好みを見極め，楽しみながら情報を検索し，それを商談する際に役立てることができる。女性の場合，ディーラーに行っても男性セールスマンが多く，なかなか詳しい情報まで聞きづらいという不安や悩みがあった。そんな女性の不安や悩みをDAIHATU CAFE TALKが解消し，気軽に来店してもらえるような情報を提供しようと動き出したのである。女性に来店してもらうために，自分たちから歩み寄る戦略は，他社に対してアドバンテージをつけている。

また，メーカー（製造サイド）も「カフェのようなおもてなし」コンセプトをうまく演出できるように，ディーラーに対して後方支援を行っている。期間毎に変わるウェルカムスイーツはメーカーで用意し，それをつくったパティシエの情報も発信している。スイーツ費用はメーカー負担でまかなわれている。あの手この手で女性客を取り込もうと懸命である。ただ筆者が残念に思うのは，この情報がモバイルで提供されていないことである。これらの情報をモバイルで提供するのは，情報量的に無理があることは充分理解できる。しかし，モバイルでもDAIHATU CAFE TALKダイハツをつくる女性のチカラなどの情報発信が可能となれば，ダイハツに興味を持つ顧客層がもっと広がるのではないかと考えられる。

3-4　製品戦略

情報提供とディーラーの雰囲気づくりがどんなに優れていても顧客が満足する製品が提供されなければ，顧客は離れてしまう。ここでは，エントリー世代のニーズとして最も高かった軽自動車の製品戦略について抑えておこう。

軽自動車が日本独自の規格車であることは，みなさんもご承知であろう。自動車の大きさ（車体の長さ3.4m以下，車体巾。1.48m以下，エンジン排気量660cc以下）を制限し，省エネルギー性・省資源性及び省スペース性を持たせ，税制等における軽減措置により広く普及させることを目的に開発されたクルマである。制限を設けることで，モータリゼーションに伴う社会的損

表4-2　ダイハツ・スズキの車種構成（2009年）

	ダイハツ	スズキ
セダンタイプ	コペン	アルト
	エッセ	セルボ
	ミラ	ラパン
	ミラカスタム	
	ココ	
ミニバンタイプ	ムーヴ	MRワゴン
	ムーヴカスタム	パレットSW
	タント	パレット
	タントカスタム	スティングレー
	コンテ	ワゴンR
	コンテカスタム	ウイット
キャブワゴン	アトレイワゴン	エヴリーワゴン
オフロードタイプ	テリオスキッド	ジムニー
ボンネットバン	ミラバン	アルト
キャブオーバーバン	ハイゼット	エヴリー
	ハイゼットハイブリッド	
トラック	ハイゼットトラック	キャリー

出所：全国軽自動車連合会の分類を基に筆者作成。

失（炭酸ガス排出，道路・橋梁等の損傷，駐車面積の占有，廃棄物排出等）を極力抑制する目的[40]があった。

表4-2をご覧いただこう。ダイハツとスズキの車種構成である。全国軽自動車連合会の分類に基づき，セダン，ミニバン，キャブワゴン，オフロードタイプという乗用車，その他の貨物車に分類したものである。軽自動車に対するプラスイメージとして「価格が安い」，「維持費が安い」，「初心者向き」，「女性向き」，「小回りが効く」といった理由[41]があげられる。

さて，このエントリー世代がクルマに求めているニーズはどのようなものだろうか[42]。それは，情報アクセス，拡張用途，魅力的な外観，地球環境性能，安全・経済性能，自動操縦の6つである。言い換えれば，ちょっとした外出にも便利に使え，車内空間が充実し，荷物が運べて，運転もしやすく，デザインもよく，財布にもやさしく，できれば環境にもやさしいものを求めているのである。

近い将来，環境負担や事故による社会的費用が少なくて済み，運転労力を軽減してくれる「技術はここまできたか」と思うクルマが登場するのではないかと思われる。昭和の時代なら，まだ夢のようだったことが現実味を帯びてきた。一般に広まっていないだけで，技術は時代を追い越しそうなくらい，進歩している。一部の車種では，運転席からカーナビに手を伸ばせばインターネットで知りたい情報にアクセスすることができたり，車内で好きな映画や音楽が楽しめ，画面を押せば季節に合ったドライブコース，レジャースポットが提示されるようになってきている。

ただし，このようなクルマにどれくらいの社会的な需要があるのか，顧客が真に求めるクルマの姿とは何か，さまざまな角度から考えなければならない。例えば，クルマの購入阻害要因として，以下の３つの要因があげられている[43]。

⑴　クルマに乗ることの便益性の薄れ
⑵　地球環境や社会に対する負担意識の高まり
⑶　コストや労力などの障害の高まり

表4-2をみる限り，ダイハツとスズキで車種構成に大差はない。これらの車種でエントリー世代の購入の対象となるのは，決して技術の粋を集めたクルマではない。おそらく，主に商用に使用されるキャブワゴン，ボンネットバン，キャブオーバーバン，トラックを除いたセダンタイプ，ミニバンタイプ，オフロードタイプのクルマであろう。

2009年度の新車年間販売台数[44]として多かったのは，スズキワゴンR，ダイハツムーヴ，ダイハツタント，スズキアルト，ダイハツミラ，ホンダライフ，スズキパレットであった。上位3車種の販売台数は，ワゴンRが20万台，ムーヴが18万台，タントが14万台を超え，この3車種が軽自動車の新車販売台数における台数としては極めて多い。

しかし，前年度比でみてみると，ワゴンRが98.1％，ムーヴが95.8％，タントが91.3％と販売台数を減らしている。一方，スズキのアルトのみが前年比123.4％と販売台数を伸ばしている[45]。アルトは，低価格，低燃費を重視した車種であり，ワゴンR，パレットの下位車種にあたる。社会からのニーズに合っていたというべきであろう。他にも，社会からのニーズに合った車種としては，スズキのオフロードタイプのジムニーがあげられる。ジムニーは1970年代から基本構造を変えず，エンジンや走行性能を高め，販売されてきた車種である。それゆえ，ジムニーはオーナーズクラブまである。製品にこだわりと自信を持つメーカーである。スズキの鈴木修会長は，「部品や製品はもちろん設備まで，いかに小さく，少なく，軽く，短く，美しくするか。それがコスト削減とともに，できあがったクルマの燃費向上へとつながる。小型車と同じ安全基準が適用されるなかでのこうした努力が，小さなクルマをつくることなら，誰にも負けないというスズキの競争力を培う力になっていった」[46]と製品に関して絶対的自信を持っている。

ここでは，詳細については説明できないが，3つの阻害要因を払拭するべく，2社は持てる技術を注ぎ製品開発を行っているものの，製品で大きな差をつけるのは難しいようである。それでは，ダイハツとスズキの差はどのような点なのか。その1つはカーナビである。カーナビの全国装着率は2008年で49.8％[47]に達し，約半数が装着している装備である。

ダイハツは，トヨタグループの一員としてG-BOOK[48]と呼ばれる情報提供機能を備えた純正カーナビをラインナップしている。トヨタと協力して情報提供を行っており，大半の車種に取り付け可能となっている。一方，スズキはワゴンRを例にみてみると，クラリオン，サンヨー，カロッツェリア，パイオニアが装備できるカーナビとしてカタログに記載されている。これらは，いわゆる市販カーナビに準じるもので，HDD（ハードディスク内蔵）タイプとメモリータイプがある。２社ともにHDDタイプとメモリータイプを提供しているが，通信機能を持っているのはダイハツ純正カーナビのみとなっている。情報にアクセスすれば，次々と情報が更新され，車内でエンターテイメントが楽しめ，季節に合ったドライブコース，レジャースポットの提案といった情報サービスが受けられる。しかし，追突を予防し，駐車スペースを指定すれば自動で駐車してくれるような機能はない。なぜなら，100万円台前半の価格帯が主である軽自動車では，コスト面で非常に厳しいからである。

軽自動車の場合，カーナビは通常オプション扱いのため，選択しなければモバイル情報端末として使えないということになる。HDD標準タイプで20万円台前半，多機能タイプで20万円台後半，メモリータイプになると20万円以下，HDDのG-BOOK対応タイプは32万円台，標準タイプG-BOOK対応タイプは22万円台と高価なオプションとなる。それゆえ，G-BOOK対応タイプの装着率は高くない。

特に，女性顧客にはカーナビも簡単操作のほうが好まれる。G-BOOK対応タイプは，携帯電話との接続や，豊富な機能のため複雑な操作が必要になってしまう。そうなってしまうと，女性顧客からは好まれない。カーナビも情報ツールとして使えるのではないかということで議論を進めてきたが，筆者はこれらのような現況からカーナビはモバイルツールとしては宝の持ち腐れになるのではないかと危惧している。

3-5 ディーラー

石井は2002年に，自動車ディーラーの今後を「消費者の新車ニーズに対応して広く深い接点をもった大規模なインターネット・ナビゲーターが出現して，ディーラーの仕事の大半がそれに奪われてしまう」[49]と予測していた。

図4-3　ダイハツディーラー

出所：ダイハツ販売ディーラーにおいて筆者撮影。

その後，時が経過したが石井のいうほど目立った変化は表れなかった。

ディーラーも，2002年頃からネット社会とともに変化したのだろうか？外観上はこれまでと何ら変化はみられない。店舗配置に関しても，道路に面した場所にモデルチェンジされたばかりの新型車を置き，奥にディーラーで扱っている車種を何台か展示するという形態も以前のままである。また相変わらず，店舗の奥に商談スペースを設けている。石井の予測は外れたのである。

図4-3をご覧いただこう。テーブルの上の飾り付けに注目していただきたい。これは，ダイハツカフェプロジェクトのコンセプトに基づき，カフェ的な雰囲気を出すための取組みの１例である。これまで，このような雰囲気づくりまで配慮されたディーラーは見受けられなかった。変わったのは，男性目線一辺倒だった売り方だったのである。

これまでのディーラーの姿勢は次の言葉が代弁している。

「無理難題をそのまま受けることは出来ないが，お客様のご希望を出来る範囲で聞きいれて差し上げる。自分たちが動いて出来ることであればして差し上げる。この姿勢こそがサービスの本質。」[50]

この姿勢はそのままにして，目線を女性に移したのだと筆者は考える。

ダイハツは女性客が１人でも入りやすいような店舗づくりから始めた。この発想が新しい変化といえる。情報収集や分析が速く容易にできるようになったメリットは，「誰の方に向いて商売するのが得か」を分かりやすくした点にあるのかもしれない。

だがこれだけでは，顧客は「買います」というシグナルを出してくれない。顧客が「買う」というシグナルを出すときというのは，“サプライズ”があったときであるといわれてきた[51]。

ダイハツの取組みは，知ってか知らずか，サプライズを演出したようである。ダイハツは，製品のみでの差別化が困難になってきたことを認識し，メーカーとディーラーが協力しつつ情報を発信し，発想の転換から時代を捉え，顧客の間口を広げることにこぎつけたのではないかと考えられる。他メーカーのディーラーも，打開策を探るべく日々奮闘しているが，成功となるまではそう簡単ではない。

4 情報ツールを使ってエントリー世代を取り込むために

本章では，ダイハツ，スズキを例にエントリー世代をどのようにして取り込もうとしているのかを考察してきた。両者ともにインターネットを使った情報発信，顧客に支持されるような製品開発，ディーラーを取り込んだ三位一体となる戦略をとっているように考えられる。

恩藏は，「インターネットによりバーチャルなコミュニティが形成しやくすなり，このコミュニティを通じて企業と顧客との接し方に変化をもたらしている」と分析していた。しかし，自動車業界の場合，顧客はパソコンや携帯電話を使い，インターネットから情報収集はするが，企業と顧客とがコミュニティを形成する段階にまでは至っていなかった。

加えて，筆者が情報媒体となりうるのではないかと考えていたカーナビはその機能を持ってはいるが，標準装備ではないこともあり，現段階ではマーケティングツールとしては不十分で，今後の動向を追いながら十分な議論を重ねなければならないと考える。

下川が，「自動車流通と販売というものについてインターネット情報革命が本当に浸透していくならば，新たな革新が起こるのではないだろうか」と分析をしていたが，筆者はインターネットを使った情報収集に限定すれば，新たな変革がすでに起きていると考える。また，下川は「今までほとんどこの領域というのはいわゆる古典的なフランチャイズシステムで守られてやってきたわけだが，その領域にも新たな革新が起こるのではないだろうか」とも指摘していた。しかし，筆者は現段階では流通と販売において新たな革新が起こっているとは思えず，今後の経過を観察し分析を行っていくべきであると考える。なぜならば，エントリー世代に限定して考えても，彼らの求める情報アクセス期待，拡張用期待，自動操縦期待に応えてはいないと考えるからである。

情報戦略とは逆行する動きも一部で見受けられる。鹿児島県阿久根市にある「A-Zスーパーセンター」における自動車販売である[52]。ここの自動車販売はユニークである。ワンプライスになっており，セールスマンと話す必要がなく，レジで代金を払えばそのまま乗って帰ることも可能となっている。買い物に来たついでに身近に気軽に触れることができるというメリットもある。何よりも商談というわずらわしさがない。このような販売方法もあることを考えると，ダイハツのカフェプロジェクトの目的である「ディーラーを身近に感じてもらう」という戦略は，１つの有効な手段となりえていると思う。なぜならば，「A-Zスーパーセンター」における販売形態はインターネットで情報を収集し，買いたいと思っているクルマを直接みて触れて，自分の好みに合っていたら購入するという，エントリー世代の購買行動に合致していると考えられるからである。

他に考えられるのが，バーチャルな試乗体験ができるようになれば，情報戦略も効果的になるのではないかということである。現在のインターネット技術では，まだ難しい。最後に予想的展望となってしまうが，映画業界では３Dと呼ばれる立体映像の映画が増加している。これまでの２次元から立体的にみえることで臨場感もある。この３D技術が進歩し，バーチャルな試乗体験ができるようになれば，ディーラーを来店する前に疑似体験が可能となる。そうなれば，ディーラーで商談だけを行えばよいことになる。セールスマンも顧客のニーズに合わせ，車種を絞り，購入候補になっている車種に集中して商談が行える。ここまでくれば，流通と販売に新たな革命が起こったといえるのではないだろうか。

《注》

1　山﨑朗・玉田洋（2000）『IT革命とモバイルの経済学』東洋経済新報社，p.34。

2　安森寿朗（1999）『自動車インターネット販売戦略 淘汰再編時代の生き残り策を説く』日本能力協会マネジメントセンター，pp.250-252。

3　恩藏直人・及川直彦・藤田朋久（2008）『モバイル・マーケティング』日本経済新聞社，pp.134-136。

4　http://www.researchtv.jp/cat14/20080905.php。

5　auは「通信品質・エリア」，NTTドコモは「各種費用」以外でauに次ぐ評価。ソフトバンクは「各種費用」に関する評価で３位となった。2006年より導入された番号ポータビリティ制度では，業者を変更した人の半数が利用，30歳代，40歳代の利用者が最も多かった。この制度を利用した人の約６割がauへ変更していた（http://www.mobile-research.jp/investigation/research_date_080208.html）。

6　キャリア別ではNTTドコモユーザーが18.9％，auユーザーが24.2％，ソフトバンクユーザーでは32.6％と，他キャリアに比べ高くなった。

7　「2007年日本市販ブランドナビゲーションシステム満足度調査」（http://www.jdpower.co.jp/press/pdf2007/2007JapanNavigation_J.pdf）。

この調査で対象となったメーカーは，パナソニック，パイオニア，富士通テン，クラリオン。これらのメーカーのHDDカーナビは業界平均より高い評価を受けていた。

8　「通信環境」に関する評価もされているが，これは車外通信が可能なモデルのみ。

9　「ドライビングサポート」は，さらに「目的地検索／ルート探索・設定」，「ルート案内／走路案内」，「ルート逸脱／渋滞などの交通状況など，変化への対応」，「地図情報／自車位置把握」，「インターフェース」等があり，「インターフェース」が最も重視されていた。

10　「カーライフサポート」は「ドライブ計画サポート／ドライブガイド」，「コミュニケーション／ネットワークサポート」，「安心・安全に対する備え」，「車内で楽しむ音楽・映像・その他アミューズメントサポート」という要因でニーズが探られ，影響度60％の「車内で楽しむ音楽・映像・その他アミューズメントサポート」が最多であった。

11　「純正カーナビ」とは，メーカーのラインで装着されたものをいう。

12　「2008年日本ナビゲーションシステム顧客満足度調査」。
　トヨタ，ホンダ，日産，三菱の純正カーナビおよびディーラーオプションのカーナビが対象。

13　メーカー別評価は，トヨタ純正カーナビ／HDDが第1位で，「ドライビングサポート」，「カーライフサポート」，「通信環境」の評価が高かった。次にホンダ純正カーナビ／HDD，日産純正カーナビ／HDD，ディーラーオプションのトヨタ純正カーナビ／HDDの順であった。これに，ディーラーオプションのホンダ純正カーナビ／HDD，三菱純正カーナビ／HDD，トヨタ純正カーナビ／DVD，日産純正カーナビ／DVDと続いた。

14　実際の利用方法として，渋滞情報確認，渋滞退避ルート検索が最も多く利用されていた。一方，市販・純正カーナビ双方ともこれらに対する満足度評価は低く，特に渋滞への対応が課題とされている。

15　恩藏直人（2007）『コモディティ化市場のマーケティング論理』有斐閣，p.2。

16　恩藏直人（2007）前掲書，pp.85-89。

17　恩藏直人（2007）前掲書，pp.41-50。

18　恩藏直人（2007）前掲書，p.124。

19　恩藏直人・及川直彦・藤田朋久（2008）前掲書，pp.37-41。

20　日本自動車工業会（2009）『乗用車市場動向調査～クルマ市場におけるエントリー世代のクルマ意識～』日本自動車工業会。

21　1,000cc以下が40.0％，1,001～1,500ccが28.0％，1,501～2,000ccが16.0％となっており，2,000cc以下が大半である。

22　300km以内が44.0％，301～600km以内が24.0％，600～900kmが16.0％となっており，月間走行距離は900km以内が大半である。

23　通勤・通学（26.1％），買物・用足し（18.8％），友人・知人とのレジャー（15.9％），個人の趣味・レジャー（14.5％）が主な用途である。

24　1,000cc以下が60.5％，1,001～1,500ccが23.3％，1,501～2,000ccが11.6％となっており，2,000cc以下が大半である。

25　300km以内が56.8％，301～600km以内が20.5％，600～900kmが11.4％となっており，月間走行距離は900km以内が大半である。

26　通勤・通学（26.6％），買物・用足し（21.8％），友人・知人とのレジャー（15.3％），個人の趣味・レジャー（8.9％）が主な用途である。

27　日本自動車工業会（2009）前掲調査，p.18。

28　日本自動車工業会（2009）前掲調査，p.26。

29　日本自動車工業会（2009）前掲調査，p.27。

30　日本自動車工業会（2009）前掲調査，p.32。

31 他にも親が乗っていた，友人知人との会話を重視するという意見もある。男性特有の要因として，ゲーム，ミニ四駆，モータースポーツ，車イベントの影響も大きいという。

32 日本自動車工業会（2009）前掲調査，p.38。

33 阿部真也（2006）『いま流通消費都市の時代－福岡モデルでみた大都市の未来－』中央経済社，p.129。

34 下川浩一・岩澤孝雄（2000）『情報革命と自動車流通イノベーション』文眞堂，p.74。

35 日本自動車工業会（2009）前掲調査，p.41。

36 ネットエイジア（2009）「QRコードについての意識調査」(http://www.mobile-research.jp/investigation/research_date_090622.html)。

この調査は，10代から40代を対象に行われ，回答者の76%がQRコードアクセス経験を持ち，10代の64.5%，20代の58.0%がモバイルからのアクセスである。また，QRコードアクセス回数は週に1.24回である。

37 2009年，テレビCMに使われた店舗は，群馬ダイハツ伊勢崎店という実店舗である。

38 http://www.daihatsu.co.jp/cafe/bonappetit/index.html。

39 http://www.daihatsu.co.jp/cafe/talk/index.html。

40 全国軽自動車協会連合会の軽自動車規格紹介による（http://www.zenkeijikyo.or.jp/introduction/index.html）。

41 日本自動車工業会（2009）前掲調査，p.42。

42 日本自動車工業会（2009）前掲調査，p.57。

43 日本自動車工業会（2009）前掲調査，pp.10-11。

44 全国軽自動車協会連合会「軽四輪車販売確報」。

45 アルトは2009年12月にモデルチェンジした。新型車が出ると分かると，前モデルの値下げ交渉幅が拡大するため，駆け込み需要があったと考えても，顧客から支持されたクルマであることに間違いない。

46 鈴木 修（2009）『俺は中小企業のおやじ』日本経済新聞出版社，p.226。

47 日本損害保険協会（2008）「自動車盗難に関するアンケート調査」によれば，福岡46･6%，大分41.9%，鹿児島39.2%，佐賀37.4%，長崎36.2%，宮崎35.1%，熊本32.7%，沖縄15.9%となっており，九州は全国平均よりも装着率が低い。

48 G-BOOKが提供しているサービスに関しては，吉川勝広（2008）「ITSと自動車マーケティング－トヨタ，ホンダを事例に－」熊本学園商学論集，第14号第2･3号をご参照いただきたい。

49 石井淳蔵・厚美尚武 編（2002）『インターネット社会のマーケティング』有斐閣，p.7。

50 プラクティカル・ビジネス・コーチング（2008）『現場で見つけたディーラー改革のヒント』日刊自動車新聞社，p.57。

51 プラクティカル・ビジネス・コーチング（2008）前掲書，p.115。

52 日本経済新聞社編（2009）『自動車新世紀・勝者の条件』日本経済新聞出版社，p.182。

第5章

地方におけるメーカーの
ブランドイメージと顧客の情報収集

1 2000年代の市場変化

2013年，ミシガン州デトロイトが財政破綻した。デトロイトはGM（General Motors）本社を有し，1910年代からアメリカ自動車産業の街として名をはせた都市である。これまで世界の自動車産業をリードしてきたアメリカ自動車産業の街に関する上記財政破綻のニュースは，筆者には衝撃的であった。その一因は2008年のリーマンショックに端を発するGMの没落が大きい。その後，GMはリストラを行い，経営再建策も功を奏し復活するが，自動車の街に活気が戻ることはなかった。他にも，2000年代になって加速した世界市場再編が新車販売台数の伸び悩みを生じさせ，関連会社等の閉鎖，地価の安価な郊外への工場移転が加速したことが税収減に拍車をかけたことが要因と考えられる。

1990年代まで世界の主な自動車市場といえば，北米，欧州，日本であった。日本メーカーも海外市場進出の足掛かりにアメリカ市場に参入し，販路拡大をしていったことは周知の事実である。しかし，2000年代になって，メーカーは新たな販路を求めて中国，インド，東南アジアへと進出する。

日本メーカーもアジア市場に適合させるため，現地向け小型車を開発し，現地生産を加速させた。その結果，中国，東南アジアでドイツメーカー，アメリカメーカー等との競争が激化し，2012年には自動車販売台数で中国が1,930万台，アメリカ1,449万台，日本536万台，ブラジル380万台，インド，ドイツが300万台の市場[1]となり，中国が世界一市場となっていくのである。これらの自動車市場の変化に伴い，自動車産業研究者も研究対象を中国，東南アジア市場分析に移していく[2]。

世界市場再編と比例するように，国内市場も大きく変化した。景気回復の不透明感からサラリーマンの給与上昇が見込めず，ガソリン価格高騰も相まって燃費の良いクルマが求められるようになってきたのである。

これらのニーズに対して，これまで国産メーカーは，安価で燃費の良い軽自動車で応えてきた。それが1997年12月，トヨタがハイブリッド車プリウスを発売したことにより，市場構造が変化していく。トヨタはプリウスに加え，アクアというハイブリッド専用車を追加し，ハイブリッド車を普及させ市場をつくり上げてしまった。一方で，新車販売台数において，ダイハツムーヴ，ミラ，ホンダN-BOX，スズキワゴンR，スペーシア，日産デイズ等の軽自動車に加え，日産ノート，ホンダフィットのような小型車が新車販売の上位を占めるようになっていく[3]。

これらメーカー側のマーケティング以外にも顧客層にも変化が起こった。2009年に発表された日本自動車工業会の「乗用車市場動向調査～クルマ市場におけるエントリー世代のクルマ意識～」において，エントリー世代[4]の自動車への関心の薄さが指摘されたのである。

エントリー世代は自動車購入に際し，「クルマに感じるベネフィットの薄れ」，「地球環境や社会に対する負担意識の高まり」，「コストや労力などの障害の高まり」を阻害要因としてあげ，メーカーに対しこれらの阻害要因を取り除き，利便性を中心に「情報化」「自動化」「環境性能向上」などクルマの『効用』を高め，経済的，労力的な『負担』を減らしていくことが重要であることを指摘した[5]。

これまで自動車工業会がこのような調査を行い，危機感を示したことはなかった。メーカーはエントリー世代獲得のために上記３つの『効用』をアピールし，自動車に関心を向ける必要がある。「自動化」，「環境性能向上」は，製品戦略に寄与するところが大きい。筆者は「情報化」に関しては，流通，マーケティング戦略上，何らかの対応ができる可能性があるのではないかと考えている。特にさまざまな情報から形成されるブランドイメージ，購入に際しての自動車情報，購入にあたり何が重視されているか，などである。本章では，これらを明確にするため，エントリー世代に対して筆者の行った調査を基に考察を進めていく。

2 日本市場の現況

2010年代になって中国，アメリカ，ロシア，インド，ブラジルでの自動車販売台数の増加がみられるようになった。

一方，スウェーデン，イギリス，ドイツ，イタリア，フランス，韓国，日本等は販売台数が伸び悩む状況となっている（**図5-1**参照）。言い換えれば，これらの国のメーカーは，自国外の市場で利潤を得なければならない状況になってきたといえる。

日本メーカーについていえば，1980年代からアメリカにデザインセンターなどを置き，開発，生産を行ってきた。日本メーカーは主な市場であるアメリカにおいて，レクサス，インフィニティ，アキュラといった高級車ブランドを販売した。一方で，トヨタ，ニッサン，ホンダといった大衆ブランドも投入し，差別化を図ることで販売台数を伸ばしてきた。しかし，大衆ブランドにおいては，技術開発部門を本国に置き，製品のデザイン，ディーラーにおけるサービスによる差別化が主であった。

日本国内では，2012年トヨタが販売した国内販売台数169万台のうち，約68万台がハイブリッド車となった。特に，ハイブリッド専用車プリウス，アクアは2012年，2013年半期新車販売台数で，１位，２位を占めた[6]。そのトヨタでも，「国内市場で技術基盤を維持するためには300万台が必要だ」とコメントしている。またトヨタは，この300万台という台数について，技術革新と技術伝承のために最低限必要な量と説明する[7]。これ以上の国内市場の縮小は好ましくないということである。

表5-1を参照いただきたい。国内における運転免許保有者数の推移である。男性運転免許保有者はほぼ一定である。それに対し，女性は若干ではあるが，運転免許保有者数が増加している。

次に，**表5-2**を参照いただきたい。24歳までの運転免許保有者数推移である。

図5-1　四輪車販売台数推移

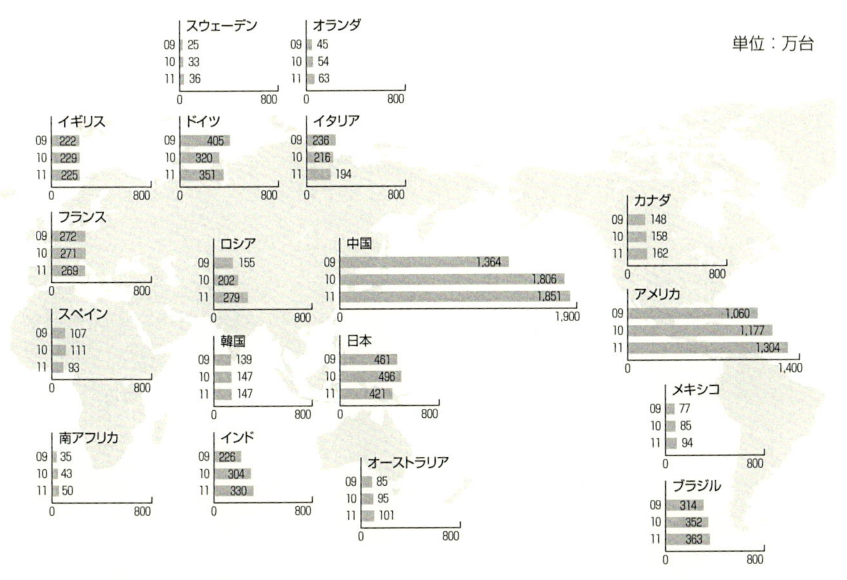

出所：日本自動車工業会資料（http://www.jama.or.jp/world/world/world_1t1.html）。

表5-1　運転免許保有者数

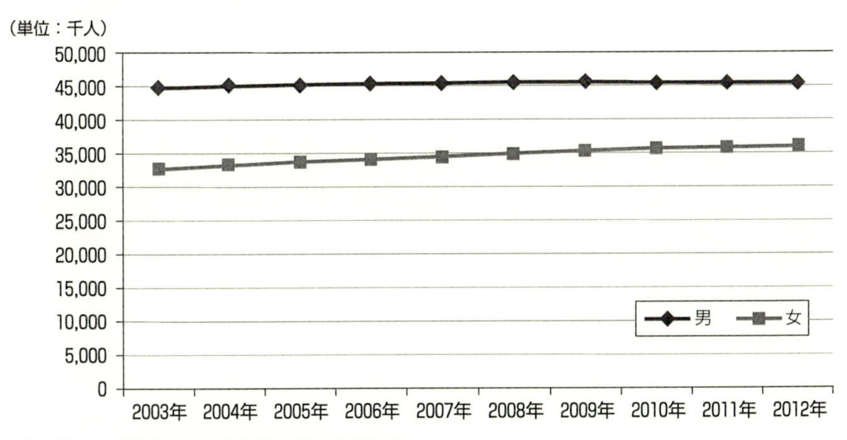

出所：警察庁『警察白書』各年版を基に筆者作成。

表5-2　24歳までの運転免許保有者数

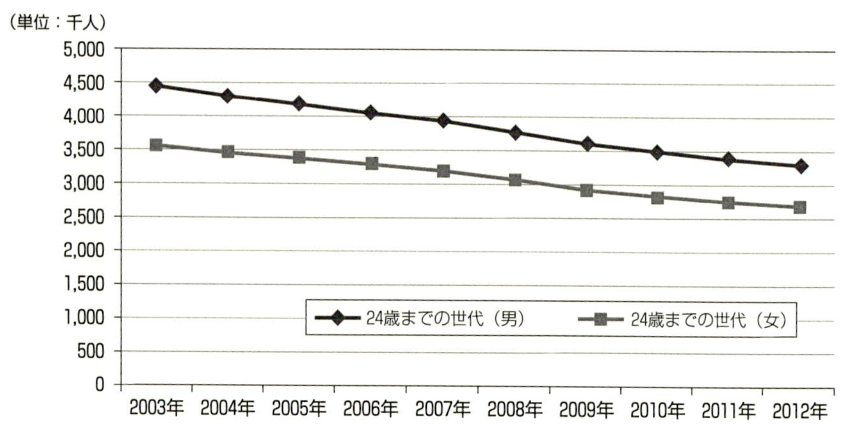

出所：警察庁『警察白書』各年版を基に筆者作成。

2003年から2012年にかけ男性も女性も右肩下がりに，運転免許保有者数が減少している。少子高齢化の進行もあり，24歳までの人口が年々減少傾向にあるということに配慮したとしても，**表5-1**から分かるように，運転免許保有者数がほぼ変わらないことを考えると，若者層の免許保有者が減少し，この層よりも上の年齢層の免許取得者数が増加したと考えるのが妥当であろう。

若者層の人口に占める運転免許保有率もみておこう[8]。男性は2003年64.5％，その後，64.0％，63.7％，63.1％，62.3％，60.9％と年々減り続け，2009年には59.7％となり60％を割ってしまう。その後も58.7％，58.6％，2012年には57.8％と減少する結果となっている。女性は2003年54.1％，54.2％，54.3％と2005年までは増加したものの，2006年53.8％，53.3％，52.0％，51.0％，50.0％，49.9％と減少し，2012年には49.4％となってしまった。言葉を換えれば，若者層以外の免許保有者数にほぼ変化がないことから，運転免許保有者の高齢化が進んでいることが分かる。若者層の運転免許保有者の増加が見込めなければ，将来的に国内市場の縮小を招きかねない。

国内市場縮小が現状よりも加速しないようにするために，エントリー世代である若者に対し，メーカーは自動車の便利さ，楽しさを伝え，自動車が欲しいと思わせる必要がある。それにはまず，運転免許を取得させることが先決である。トヨタでは，すでに免許取得を促すＣＭを流している。運転免許保有者が増加すれば，自動車を購買しようとする層も増え，国内市場縮小にも歯止めがかかるのではないかと考えられるからである。

トヨタのいう技術基盤を維持するための国内市場300万台維持のためにも，これ以上の市場縮小は好ましくない。各メーカーは若者層，特に自己所有が少ないと考えられるエントリー層の自動車購入の際，選択される製品を提供していかなければならない。そのためには，好意的ブランドイメージの構築と彼らの生活パターンに合った情報提供を行い，ニーズに合った製品開発によって販売台数を維持していかなければならない。

3 ブランドイメージとエントリー世代の情報収集

3-1 デジタルマーケティング

1990年代後半から急速に普及したインターネットは，テレビＣＭ，ラジオＣＭ，新聞広告，雑誌広告，ディーラーイベントと並び，クルマの情報発信手段の１つとして活用されるようになった。

塩地は，「インターネットの普及が商談前の情報収集方法に変化をもたらし，販売慣行が変化している」と指摘する[9]。インターネットは，メーカーによる情報発信ツールとしてだけでなく，顧客にとって情報収集ツールになることを指摘している。他にも，インターネットの活用について，ディーラーを訪れることが前提であるとしながらも，インターネットが新車購入にあたり，最も経済的なツールであり，これまでメールオーダーしていたカタログの代わりを果たすようになっていったとの指摘がある[10]。Kumar & Reinartzは

「流通チャネル管理（生産者からエンドユーザーまでの製品，サービスの管理）とコンタクトチャネル管理（情報の管理，１つもしくは複数のコンタクト法の管理）の必要性」を指摘する[11]。彼らの指摘を待つまでもなく，インターネットの普及による自動車を取り巻く社会の変化は，2010年代の自動車流通において，情報発信と管理の重要性を再認識させていることになる。

それでは，2010年代のマーケティングにはどのような戦略が必要なのだろうか。先行研究によれば，日本企業のマーケティング戦略手法には独自性があるという。それは，どのようなことを指しているのであろう。山下らは，「日本の企業はポジショニング，ターゲティング，セグメンテーションと進めることが多く，アメリカ流のセグメンテーション，ターゲティング，ポジショニングと進めるマーティング手法とは異なる」という。加えて，「マーケティング戦略策定に際し，競争，顧客からの評価，業績と新市場への挑戦が必要になってくる」と指摘している[12]。

先行研究にもあるように，インターネットがマーケティングに積極的に活用されるようになってきた今日，これまでとは異なるマーケティング戦略が求められている。これからの国内市場におけるマーケティングは，インターネットをエントリー世代に自動車に対して興味を持ってもらうために活用することを重視すべきである。そのためには，トヨタがテレビＣＭでも流しているドラえもんシリーズのＣＭのように運転免許取得を促すような情報発信を行い，自動車の楽しさ，効用等を伝えていくことを最優先すべきと筆者は考える。

図5-2を参照いただこう。インターネット時代のマーケティングのコアになるのは，リレーションシップマーケティングである。リレーションシップマーケティングを行うにあたり，進展とキーコンセプト，関係性とテクノロジーが必要と思われる。

自動車の場合，これらのうちキーコンセプトとテクノロジーに関しては，メーカーの新型車開発時に決定される。流通段階でそのコンセプト，テクノ

図5-2　デジタルマーケティングとソーシャルメディア

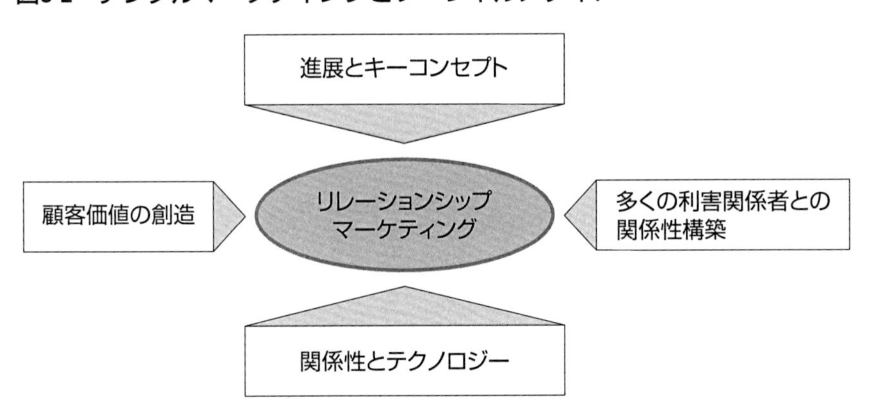

出所：Payne A. and P. Frow（2013）"*Strategic Customer Management Integrating Relationship Marketing and CRM*", Cambridge University Press, New York, p.152を基に一部筆者修正。

ロジーをアピールしていくことが必要となる。例えば，ハイブリッド車は発売されてから15年が経過したが，「燃費が良く，環境にも優しい」というコンセプト，これを実現するためにエンジンとモーターの組み合わせ，従来のガソリンのみを使ったクルマとは異なる新たなテクノロジーとしてアピールしてきたことが一例としてあげられる。

図5-2に示された他の２要因，利害関係者との関係性，顧客価値の創造に関しても考慮が必要である。先にあげたハイブリッドを例に考えてみると，従来からのエンジンのみでなく，蓄電池，モーター，制御用のコンピュータが必要になった。それゆえ，これまで取引をしてきた部品メーカーの他に，電気モーターや電池などのメーカーといった利害関係者と関係性をうまく構築する必要性が出てきた。開発段階からこれらメーカーと最終的な販売価格を考慮し，製造を行わなければ，低コストでの開発が難しくなってきたということである。

顧客価値の創造に関しては，地球温暖化でローエミッションを求めていた顧客ニーズに対し，発車時に電気モーターがアシストすることでローエミッションを実現した。それに加えて，販売促進時にハイブリッドが先進テクノロジーを積んだクルマであるというブランドイメージをアピールし，従来車とは異なる価値を生み出し，顧客の購買意欲を刺激したと考えられる。

他社に先駆けてハイブリッドを製品化し，市場投入したトヨタはハイブリッドブランド構築のためにさまざまな工夫を凝らしてきた。ブランド構築に速攻性を発揮するのはテレビＣＭである。アメリカの俳優レオナルド・デカプリオが実際にプリウスを所有している経緯から，彼が地球環境に興味を持ち，環境にやさしいクルマに乗っているというテレビＣＭを流し，従来あった豪華さや，かっこよさとは異なる魅力をアピールした。メーカーが車種名をアピールしなくても，プリウスは環境をテーマにした１つのブランドとして，顧客の価値の項目が１つ追加されたと考えられる。余談ではあるが，デカプリオも，このＣＭに出演することで環境に配慮するプライベートな一面をファンに披露し，好印象を与えることができたはずである。

トヨタがプリウスを発売した時期は，インターネットが普及し始めた時期と合致している。各社がホームページを通じて情報発信をし始め，同時にディーラーでハイブリッド車に対応できるよう整備士を育成し，迅速な対応を心がけ，顧客価値を維持するように努めてきた時期でもある。これらはまさにデジタルマーケティングの手法とも一致する。それに加え，トヨタは豊田章男社長自身もモリゾウと称しツィッターを使い，顧客層と積極的に接点を持った。社長自らが顧客層との関係性構築に積極的に取り組む姿勢をみせたのはトヨタが最初であり，そこに重要性を見いだしていたからと思われる。

3-2　メーカーのブランドイメージ

デジタルマーケティングによるソーシャルメディアの使い方は，メーカーにより取組みはさまざまである。だがメーカーとしても，本章で議論している自動車エントリー世代を獲得するために何らかの方策を考えなければならない。

エントリー世代は，幼少期からインターネット環境が整っていたため，学校の宿題もインターネットで検索するのは当たり前であろう。また，防犯上の理由で，GPS携帯電話を持ち歩いて育った人も少なくない。自動車エントリー世代となった彼らは，スマートフォンを手放そうとしない。信号待ちのわずかな時間でさえもスマートフォンをのぞきこみ，必要な情報収集や仲間とのコミュニケーションをとるのに余念がない。

彼らが自動車に興味を持ち，自動車が欲しいと思ってもらうためには何が必要なのであろう。当然のことではあるが，公共交通機関が発達し，駐車場賃貸料の高い都心部と地方では，分けて考える必要があり，エントリー世代の認識にも差が見受けられる。

例えば，関東の学生はクルマがなくても地方に住む学生ほど移動に不自由はしない。それでも，自動車工業会による自動車関連のイベントが開催され，自動車に触れ合う機会は多い。2012年に東京お台場で開催された「お台場学園祭」[13]がその例といえるだろう。

その中で，自動車工業会会長は「学生の皆さまとトークを交わす企画もありますので，皆でワイワイガヤガヤと，そんな時間を一緒に過ごしましょう」と挨拶の中で述べた。エントリー世代（学生）に対し，これまで同様のやり方では，車の魅力を伝えるのが難しくなってきたとの実感から，学生たちに高い関心を持ってもらうため，これまでとは異なる形でクルマに触れる機会をつくることが急務であると考えたからだと思われる。

この「お台場学園祭」の中で筆者が特に注目したのが，メーカー社長とのトークバトル，ミスキャンパスコレクションといった学生参加イベントが７つ企画されていたことである。学生が大学祭のような雰囲気の中で，日常的な移動手段としてのクルマの魅力を再発見し，少しでもクルマに興味を持つように工夫されたものであった。

2013年も11月に東京モーターショーがお台場で開催されるのに合わせて，

お台場モーターフェス，スマートモビリティシティ2013が開催された。特に，お台場モーターフェスでは，ジムカーナ・ナイトデモラン，ドリフト同乗体験といった直接車に触れ合う企画がMEGAWEBで行われた。他にも，大学生を対象にしたクルマ業界の人との特別企画「僕たちにとってのクルマと，これからのクルマ」や「理系女子がクルマ業界で働くワケ」の他に，「自動車ジャーナリストと巡る東京モーターショー」，「プロの運転による乗用車同乗試乗会」というさまざまなイベントが東京モーターショーで行われた。「免許のある人もない人も，クルマとバイクではじける」ということをテーマとしている東京モーターショーひとつとっても，彼らの関心を引くために，自動車業界があの手この手とさまざまな策を講じており，若者のクルマ離れをいかに危惧しているのかがはっきりと確認できる。

一方，クルマが生活の足となる地方では，都市部ほど力の入ったイベントをしなくてもよい。魅力的な情報を流すだけでも効果はある。従来，自動車に関する情報源としてはテレビＣＭ，ラジオＣＭ，雑誌などが一般的であった。だが，1990年代からのインターネットの普及により，メーカーのホームページからも情報を得られるようになっている。それでは，これらから得た情報から，実際にクルマをみたいと思った場合どうするのか。東京であれば，MEGAWEBのようなトヨタ車が一同にみることができる施設がある。

しかし，地方の場合，実車はディーラーでみるというのが一般的である。そこで，エントリー世代が自動車に興味を持ち，ディーラーに足を運ぼうとしたとき，各メーカーのブランド力がものをいう場合がある。一般的に好きなメーカー，嫌いなメーカーという場合，頭の中で「高級な」イメージや「頑丈な」イメージ，「コンパクトな」イメージというような，さまざまな印象や，経験を組み合わせて，瞬時に判断した結果が言葉に表れる。その意味で，顧客を誘導する要素の１つがブランドイメージである。彼らが自動車の価値を見いだすために情報と実車に触れ，試乗することによって，はじめて自動車の価値が見いだされるのではないかと筆者は考える。

図5-3　ブランド進展体系

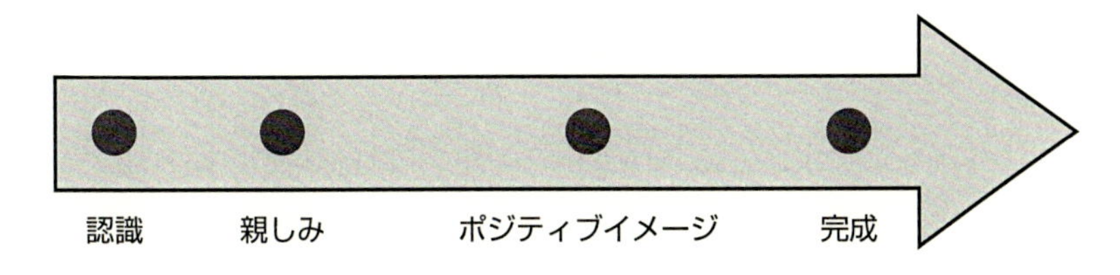

出所：Roberts M.A. and D. Zahay (2013), "*Internet Marketing Integrating Online and Offline Strategies*", South-Western, Mason, p.124を基に一部筆者修正。

筆者はこれらを実証するために，エントリー世代に対して2012年12月に調査を実施した。男性96名，女性50名の合計146名の結果から考察を試みた。まずはメーカーのブランドイメージからみていくことにしよう。

そもそもブランドとは，どのようにして形成されるのであろうか。**図5-3**を参照いただこう。ブランドは認識されることから始まる。自動車でいえば，メーカー名を認識してもらうことがこれに該当する。次に親しみを持ってもらい，ポジティブイメージを持ってもらえれば，ブランドとして認められてブランドが完成するということである。

次に，**表5-3**をご覧いただこう。エントリー世代が欲しいと思う自動車の種類が示されている。女性は68%が軽自動車，34.0%が普通車（5ナンバー車），14.0%がハイブリッド車を欲しいという。男性の57.3%は普通車（5ナンバー車），36.5%が軽自動車，16.7%がハイブリッド車を欲しい自動車という結果となった。この結果から，エントリー世代が購入に際してまず検討するのは，軽自動車，普通車（5ナンバー車）のラインナップを持つメーカーなのではないかということである。

メーカーはまずエントリー世代にメーカー名を認識してもらい，近寄ってきてもらうことから始めなければならない。そして，親しみを持ってもらうことができれば，ポジティブなブランドイメージ構築に一歩近づき，購買へつながる可能性が向上することになる。

表5-3　エントリー世代が欲しい自動車

（複数回答）

	男性	女性
軽自動車	36.5%	68.0%
小型車	2.1%	2.0%
普通車（5ナンバー車）	57.3%	34.0%
3ナンバーの大型車	8.3%	0.0%
ハイブリッド車	16.7%	14.0%
電気自動車	6.3%	10.0%
外国車	7.3%	10.0%
その他	0.0%	4.0%

出所：筆者の調査に基づく数値。

表5-4は，軽自動車をラインナップに持ち，普通車（5ナンバー車）を主な製品としているダイハツ，ホンダ，スズキという3社のブランドイメージを示している。男性・女性ともに3社に共通するイメージとして，「軽自動車」メーカーというポジティブなイメージを持たれている。ちなみに，2012年度に九州で販売された軽乗用四輪の新車販売台数は，227,269台，そのうちダイハツ78,213台，ホンダ45,936台，スズキ65,312台であり，新車販売総数の83.4％を占める結果となっている[14]。軽自動車を販売しているメーカーは，他にも三菱自動車，スバル，マツダ，日産，トヨタがある。これらのメーカーが残りの16.6％の販売台数であったということである。この販売台数からみると，ダイハツ，ホンダ，スズキに対する「軽自動車のメーカー」というブランドイメージは妥当であると考えてよいだろう。

ダイハツ，ホンダに関して男性・女性ともに，「ＣＭ」のインパクトが強いというイメージをあげている。スズキにはない，ブランドイメージである。

個別にみていこう。ダイハツに関して，男性は「信頼性がある」，「マーケティングがおもしろい」という親しみを持ち，「スズキより高級感がある」，「壊れにくい」，「リーズナブル」，「使いやすい」といったポジティブイメージを持っていた。女性は「身近」，「かわいい」，「手ごろな価格」という親しみを

表5-4　ダイハツ・ホンダ・スズキのブランドイメージ

ダイハツ

男性		女性	
ポジティブ	ネガティブ	ポジティブ	ネガティブ
壊れにくい。 信頼性がある。 第３のエコカー。 マーケティング（CM）がおもしろい。 人気がある。 スズキより高級感がある。 日本を代表する車両メーカー。 リーズナブル。 使いやすい車。 トヨタの会社で、軽自動車のイメージが変わった。 軽自動車を中心に業績を上げた会社。 CMで宣伝されている。	車に「D」のイメージ。 マイナー。 少し聞いたことがある程度。 特になし。 祖母が乗っている。 あまりよくない。 女性の注目を集めようとする車種。 車の企業。	手ごろな価格。 身近。 CMがおもしろい。 軽自動車。 小型自動車。 低燃費車。 かわいい。 軽でもかっこいい。 良いイメージ。 サービスが良い。 CMの印象。	興味がない。 車のメーカー。 少し高い。 あまり有名でない。 値下げしない。

ホンダ

男性		女性	
ポジティブ	ネガティブ	ポジティブ	ネガティブ
デザインの良いスポーツカーが多い。 ハイブリッド車。 ドライバーのことを一番に考えている。 CM。 軽自動車。 バイク。 燃費が良い。 エンジンがよい。 信頼できる。 品揃えが良い。 おしゃれ。 世界で活躍。 独創的な車種、モデル。 安心。 F1。 エコカー。 機能性が良い。	車が壊れやすい。 車が高い。 ごつい車。 電装系が弱い。 パッとしない。 父母の車。 イメージが悪い（個人的に）。 内装が良くない。 少しダサい。	日本の３大メーカー。 シャープな軽自動車を売っている。 実用的でいい。 CMの印象。 安全。 軽自動車。 買いたい車。 背高ワゴンの軽。 身近。	親の車のイメージ。 最近見かけない。 トヨタの次。 古参。 日本の車 ごつい車。

スズキ

男性		女性	
ポジティブ	ネガティブ	ポジティブ	ネガティブ
ワゴンR 好き。 ダイハツと並び有名。 よく走る。 カラーバリエーションに力を入れている。 買いやすい。 軽自動車。 四駆の軽。 若者、女性に人気。 シャープなデザイン。 車の形がいい。 事故を防ごうとしている。	ホンダ、ダイハツに比べ印象が薄い。 ダイハツに比べ壊れやすい。 自動車メーカーで３番目。 ふつう車。 売れてなさそう。 店舗が少ない。 パッとしない。 祖父の車。 リコールしそう。 軽トラ。	低燃費。 スマート。 かっこいい。 ワゴンR。 軽自動車。 かわいい車。 おしゃれな車。 女性受けよ良いラパンのイメージ。 コンパクトな車。	古い。 印象が薄い。 めだたない。 車のメーカー。

出所：調査を基に筆者作成。

持ち，「軽でもかっこいい」，「良いイメージ」，「サービスが良い」というポジティブイメージを持っていた。一方，男性の「少し聞いたことがある程度」，「祖母が乗っている」，女性の「興味がない」，「あまり有名でない」というネガティブなイメージからは，自分が乗る対象のクルマではないといった意図も読み取れる。

ホンダはどうであろう。男性は「ドライバーのことを一番に考えている」，「信頼できる」，「おしゃれ」という親しみを持ち，「燃費がよい」，「エンジンがよい」，「独創的な車種」というポジティブイメージを持っていた。女性は「実用的でいい」，「背高ワゴンの軽」，「安全」という親しみを持ち，「買いたい車」，「シャープな軽自動車を売っている」というポジティブイメージを持っていた。一方，男性の「ごつい車」，「パッとしない」，「少しダサい」，「父母の車」，女性の「ごつい車」，「トヨタの次」，「親の車のイメージ」といっていることから自分は乗らないが，親世代が乗る自動車のメーカーの１つと認識していることがうかがえる。

スズキはどうであろう。男性は「好き」，「よく走る」，「車の形がいい」，女性は「スマート」，「かっこいい」，「かわいい車」，「おしゃれな車」という親しみを持ち，「低燃費」，「コンパクトな車」というポジティブイメージも持っていた。一方，男性の「ダイハツに比べ壊れやすい」，「売れてなさそう」，「パッとしない」，「店舗が少ない」，「祖父の車」，女性の「印象が薄い」，「めだたない」といったネガティブなイメージもあげられた。ここで気になるブランドイメージが「祖父の車」というものである。年配者がよく利用しているイメージを「祖父の車」と表現したようであるが，確かに小回りが利き，経費のかからない軽自動車は，若者から年配者まで幅広い層に需要がある。

エントリー世代の目線でみたときに「自分が乗る車ではない」というイメージを抱かせているとすれば，各メーカーともそこを改善していく必要があるだろう。地方に住むエントリー世代は都市圏で開催されるような，直接最新の自動車に触れ合うイベントや派手な企画こそ少ないが，彼らの日常には自動車が身近に存在する。それを含めて，彼らがどのようにして情報を収集するかによって，ブランドイメージに影響が出やすいのではないかと考える。自動車工業会が危惧しているエントリー世代のクルマ離れがこれ以上増加しないようにするために，地方のエントリー世代から取り込んでいき，都市圏のエントリー世代も順次巻き込んでいったほうがマーケティング戦略的にも効果的なのではないだろうか。

3-3　エントリー世代の情報収集

地方に住むエントリー世代は，どのようにして自動車に関する情報を得ているのだろうか。**表5-5**をご覧いただこう。情報収集手段が示されている。

最も使われていたのは，男性40.6％，女性68.0％が使うと答えたメーカーのホームページであった。ここからは豊富な情報が発信されている。彼らはどのような項目をチェックしているのであろうか。最もチェックが多かったのは車種である。男性84.4％，女性82％がみると回答した。次はカラーで男性63.5％，女性74％がみると答えた。他にも，男性はスペック，グレードをみると回答している。これに対し，女性はカタログ請求，カーライフサポートと回答し，他にもイベント情報，会社情報をみると回答した。

総合的にみると，男性は車種自体に魅力を感じ，それに関する情報を重視して情報収集する一方，女性はクルマ以外のお得な情報，サービスといった副次的項目も重視する傾向にあるということが分かる。

次に多かった情報ツールとしては，男性が37.5％の雑誌，女性は54.0％のテレビＣＭだった。男性の場合，30.2％の価格比較サイト，24.0％のテレビＣＭ，ディーラーのホームページ，22.9％の中古車販売会社サイトと続く。女性の場合，32.0％のディーラーのホームページ，30.0％の価格比較サイト，28.0％の中古車販売会社サイト，24.0％の雑誌と続く。

女性に限定すれば，他にもSNSからの情報，その他からの情報も情報収集

表5-5　エントリー世代の情報収集手段

（複数回答）

	男性	女性
メーカーのホームページ	40.6%	68.0%
ディーラーのホームページ	24.0%	32.0%
価格比較サイト	30.2%	30.0%
中古車販売会社サイト	22.9%	28.0%
テレビCM	24.0%	54.0%
ラジオCM	1.0%	2.0%
雑誌	37.5%	24.0%
新聞広告	8.3%	4.0%
SNSからの情報	5.2%	10.0%
その他	9.4%	18.0%

出所：調査を基に筆者作成。

手段として利用すると回答された。ここでいう「その他」とは，家族からの口コミ，友人からの口コミのことである。女性はインターネット，テレビ，ラジオ，新聞といったメディアだけでなく，身近にいる人物の意見も重要な情報源として活用しようとしているのが分かる。

ホームページ上にある情報は，これらだけではない。QR（Quick Response）コードを配し，他サイトへ導くホームページもある。このQRコードの効果についても質問を行った。なぜなら，携帯電話の普及により，QRコードを使いモバイルサイトへ誘引し，モバイル・マーケティングを展開する方法に対して一定の評価をする研究も存在するからである[15]。

そもそも，モバイルサイトは，携帯電話が専用サイトしかみることができないときにできたものである。エントリー世代の主要な携帯電話といえば，スマートフォンである。それゆえ，QRコードを使い，モバイルサイトへ誘引することは有効な手段ではないと考えていた。

筆者による調査の回答として，「QRコードを読んでみる」と答えたのは男性21.9%，女性30%であった。「興味なし」と答えたのは男性40.6%，女性34

％である。「興味はあるがそのままホームページを見る」と回答したものと「興味なし」を合わせると，男性の約80％，女性の約70％がQRコードに興味を示さない結果となった。この結果から，QRコードによる誘引は，エントリー世代に対して効果が薄いことが分かった。

価格比較サイトは男女ともに「みる」と答えたため，特に注目に値しない。ここで，１つの仮説を次のように導き出すことができる。その仮説とは，メーカーのホームページ，テレビＣＭ，ディーラーのホームページなどはメーカーのブランド管理が行き届くと考えられる情報源であり，これらを主な情報収集源とする女性は，メーカーが意図するブランドイメージの影響を受けやすいのではないかということである。一方，男性はメーカーのホームページだけでなく，雑誌，価格比較サイトという第三者評価情報も使って情報収集を行っている。これは第三者の意見も参考に，自分なりに判断をしようとしているのではないかと考えられる。

それゆえ，メーカーは男性向けには雑誌，女性はテレビＣＭを強化するという色分け的手法を販売促進戦略に活用すれば，一定の効果を上げる可能性があるということである。

メーカーは，これら情報発信ツールをうまく使い，進化し続ける自動車の情報をより分かりやすく，強いインパクトを与えるように，エントリー世代に伝え続けなければならない。興味を持ったらディーラーに足を運んでもらえるよう策を練り，一方で，メーカーのイメージ戦略とディーラーの対応にズレが生じ，顧客を困惑させることがないよう，メーカーとディーラーがしっかりとタッグを組み，取り組むべきである。

恩蔵は，「マスカスタマイゼーションが現実的なものとなっており，情報技術を駆使した顧客情報の吸い上げも可能となっている」と前置きし，「顧客たちを製品開発のプロセスに取り入れ，一部を代行させる」，「一方的に顧客ニーズを追求する単なる顧客志向ではなく，マーケティング機能の実施にあたり，その一部において顧客を主役として位置づける」という顧客との新

表5-6　自動車ディーラーのどこを重視するか

（複数回答）

	男性	女性
お店（ディーラー）への入りやすさ	38.5%	36.0%
ディーラーホームページ情報	27.1%	22.0%
メーカーホームページ情報	33.3%	28.0%
お店（ディーラー）の雰囲気	28.1%	28.0%
お店（ディーラー）での対応	30.2%	48.0%
お店（ディーラー）での営業員の対応	33.3%	44.0%

出所：調査を基に筆者作成。

しい接し方を指摘する[16]。

これは，インターネットによるバーチャルなコミュニケーションができるようになったことが関係している。このような社会的変化に対応するために，メーカー側も顧客との効果的な接し方を模索しているように思える。

自動車に興味を示し，自ら情報を収集したエントリー世代は，実際にクルマをみたくなってくる。そのとき，最初に彼らが訪れる場所はディーラーであろう。

ディーラーへやってきた彼らが重視するのは，どのようなことであろうか。**表5-6**をご覧いただこう。

ディーラーは，どのような点に注意を払うべきであるのか。この問いに対する回答でも男性，女性で差異がみられた。男性の38.5％がお店（ディーラー）への入りやすさ，33.3％がメーカーのホームページ情報，33.3％がお店での営業員の対応，30.2％がお店での対応（営業員以外の対応）を重視している。それに対し，女性は48.0％がお店での対応（営業員以外の対応），44.0％がお店での営業員の対応，36.0％がお店への入りやすさを重視し，人的資質に起因する要因を重視している結果となった。これは男性が機能的なことを重視しているのに対し，女性は感覚的なことを重視する傾向にあるといえる。

表5-7　自動車購入に際し重視する情報

（複数回答）

	男性	女性
テレビＣＭ	16.7%	30.0%
家族からの口コミ	16.7%	46.0%
友人等からの口コミ	26.0%	40.0%
ウェブ上の口コミサイト情報	15.6%	26.0%
車専門雑誌からの情報	22.9%	16.0%
新聞広告	3.1%	4.0%
駅での広告	1.0%	0.0%
その他	11.5%	8.0%

出所：調査を基に筆者作成。

それでは，エントリー世代が実際に自動車を購入したいと考えたとき，どのような情報を参考に意思決定しているのであろうか。**表5-7**を参照いただこう。男性は26.0％が友人からの口コミ，22.9％が車専門雑誌からの情報を重視している。女性は46.0％が家族からの口コミ，40.0％が友人からの口コミ，30.0％がテレビＣＭを重視している。このことから，男性は人的情報を重視しつつも，車専門雑誌からの情報のように第三者が評価した情報を参考にして客観的に自動車を判断する傾向にあるといえる。これは，情報収集時に重視した事項と同じであった。一方，女性は口コミという人的情報を重視しており，仮に口コミに悪意の情報が含まれていた場合，その影響も受けやすいということになる。次いで，テレビＣＭも情報として重視されている。したがって，女性のほうがメーカーによる情報戦略，ディーラーでの人的販売に影響されやすいということになるであろう。

平たくいえば，女性客のほうがせっかく購入するつもりで来店しても，店の対応が気に入らなければ，買わずに帰る傾向が強いということだ。しかも，その店へのクレームまで友人に口コミとして伝わりやすいこともみてとれるから要注意である。

それでは，紙媒体となる車専門雑誌，新聞広告，駅での広告以外の情報は

表5-8　エントリー世代の情報ツール（SNS）

（複数回答）

	男性	女性
フェイスブック	64.6%	84.0%
ツィッター	40.6%	66.0%
LINE	71.9%	86.0%
ブログ	12.5%	36.0%
その他	7.3%	12.0%

出所：調査を基に筆者作成。

どのようにして収集されているのか。**表5-8**を参照して欲しい。ソーシャルネットワーキングサービス（SNS）の利用状況が示されている。ここでは，男性・女性ともにLINEが最も使われていた。それにフェイスブック，ツィッター，ブログと続く。これらのツールを使い，自動車に関する情報を得ていることになる。

メーカー，ディーラーはホームページのみでなく，フェイスブック，ツィッターでも情報を発信し，ホームページからリンクできるようになっている。近年，急速に普及したスマートフォン。そのスマートフォンで使えるLINE，フェイスブック，ツィッターをいかに活用できるかが課題となってこよう。

最も利用すると回答されたLINEは，①意外な売りもの，②意外なプロセス，③意外な人材登用，④意外な指標，という４つの着眼点から顧客を獲得するためのツールになりつつあるとの指摘がある[17]。

阿部・宮﨑は，モバイルを使ったマーケティング戦略を流通情報革命の１つと位置づけ，その有効性を論じている。その中でスマートフォンの普及を取り上げ，マーケティング戦略に活用できるとして，以下の効果を指摘した。即時レスポンス効果，若者ターゲット効果，店舗誘導効果，オンライン効果，時間的制約の緩和効果である。これらがモバイルを使ったマーケティング戦略をけん引すると指摘するのである[18]。

フェイスブックが友達の友達ということで交流拡大を狙っているのとは異

なり，LINEは連絡先に電話番号を登録している友達に限られる。つまり，電話番号を聞けるほどの人間関係にあり，一度は対面で話したことのある人であるということになる。

ならば，販売促進の１ツールとして活用していくべきである。今は「これだ」という暴発的に広がる活用法は見いだされていないが，使い方によっては，メーカー，ディーラー，顧客の３者ともに利があり，「大ブレーク」を巻き起こせるはずである。

自動車購入の際，女性は口コミを最も重視する情報としていたことから，これらのツールを効果的に活用して，自動車に興味を持ってもらうことができないだろうか。各メーカーも何かと魅力的なさまざまな工夫を施している。しかし，例外もある。GM（ジェネラルモータース）である。GMは当初フェイスブックとリンクしていたが，現在は使っていない。さまざまな理由があると思われるが，悪意の書き込みがあったり，思った以上の効果が上がらないということから，現在はツィッターのみのリンクになったと考えられる。SNSはうまく使えそうにみえるのだが，難題も多そうだ。

4 情報とリレーションシップ

デジタルマーケティングの基本となるのは，前節でも述べたように，リレーションシップマーケティングである。それを，ソーシャルメディアにより進展とキーコンセプト，関係性とテクノロジー，利害関係者との関係性，顧客価値の創造，の４つの要因を満たすことで実現しようとする。前者２つの要因に関しては製品，後者２つの要因に関しては流通が果たす要因が大きい。

つまり，魅力的な製品を提供することはもちろん，利害関係者との関係性も大切にしつつ，顧客の価値を創造する必要があるということである。本章で議論してきた，自動車エントリー世代に自動車に対して興味を持ってもら

表5-9　各メーカーの情報発信力

	男性	女性
ダイハツ→スズキ→ホンダ	17.7%	24.0%
ダイハツ→ホンダ→スズキ	21.9%	28.0%
スズキ→ダイハツ→ホンダ	6.3%	12.0%
スズキ→ホンダ→ダイハツ	4.2%	4.0%
ホンダ→ダイハツ→スズキ	27.1%	18.0%
ホンダ→スズキ→ダイハツ	17.7%	10.0%
回答なし	5.2%	4.0%

注：左から情報発信力が高いと評価する順に表記。
出所：調査を基に筆者作成。

うためにはどうすればよいのか。

まずは，魅力に思える商品情報を発信することであろう。次に，運転免許を取得してもらうように仕向けることが課題であると考える。特に世代に合った魅力に思える商品情報を発信することで自動車に興味を持ってもらい，ブランド化することで関係性を持ちやすくすることが重要である。

本章で取り上げてきたダイハツ，ホンダ，スズキは果たしてエントリー世代に対し，魅力的な情報を発信しているのであろうか。**表5-9**はエントリー世代が3社の情報発信力があると思うかどうかを答えてもらった結果である。男性はホンダが最も発信力があると評価し，女性はダイハツが最も発信力があると評価した。これに続くのは，男性ではダイハツ，女性ではホンダという結果となった。ところで，スズキは情報発信力に劣るのか。女性の12%はスズキ，ダイハツ，ホンダの順であると答えているところから，女性は男性に比べスズキの情報発信力を評価していることになる。

スズキが女性から支持されるためにすべきことは何なのか。それはクルマの質とともに，ディーラーを変えていくことである。スズキも自社流通に問題意識を持っているようである。スズキは佐藤みどりをリーダーに「女子改」というチームをつくり，女性目線による室内デザインを取り入れた軽自動車スペーシアを開発した。スズキのディーラーも「おしゃれ感」を出す工夫を重ねている。例えば，子供連れの女性でも安心してクルマ選びができるよう，それまでショールームの隅に設けられていたキッズコーナーをショールームの真ん中に設置し，子供が常にみえるようにしている。備品にも気を配り，パステルカラーのテーブルと椅子を配置し，女性が入りやすいように明るく，清潔感漂う店舗づくりに乗り出している。まずは東京三鷹市，次いで埼玉県川越市のディーラーを「女子改」のメンバー監修で，入りやすく，長居できる店舗に改める取組みが行われている。また，女性客特有の不便を解消するため，授乳室を設置するなど，環境づくりを整えている。

ホンダは情報発信，ブランドイメージで一定の評価を得ていた。そのホンダが，全ディーラーの約１割にあたる235店舗を軽自動車と小型車を販売するスモールストアとして全国に展開し始めた。そこで，どのようなことが行われているのか。例えば，熊本県宇土のディーラーでは，N-oneのカラーバリエーションである11色すべてを展示し，顧客のクルマ選びの便益を図る取組みが行われている。これまでディーラー店頭で展示してあるクルマを見て，自分の好みの色でなかった場合，カタログをみて決めるしかなかった。それゆえ，なかなか商談成立に至らない要因の１つともなっていた。これを改善するための取組みが，上記したようなクルマ選びの便益を図る取組みであり，顧客満足向上を目指し改善を重ねる取組みの１つとして行われている。

女性に最も評価されたダイハツは，2009年にはカフェに入る感覚でディーラーに来店してもらいたいとの思いから，ホンダ，スズキに先行する形でディーラーの雰囲気づくりに取り掛かっていた。それは，「ダイハツカフェ」と称されるもので，顧客の７割が女性顧客であるダイハツの取組みは迅速であったといえる。

ダイハツ，ホンダ，スズキにおけるディーラーでの取組みは，そのメーカーのクルマを購入した親，兄弟，友人の口コミにより，エントリー世代に伝わることになる。その口コミの重要な要因として，男性，女性ともにディーラー（お店）の入りやすさを重視する傾向にあったことを忘れてはならない。

東京モーターショーのような普段目にしないような，未来のクルマ，超高級車と直接触れ合う機会のない地方では，ディーラーの店舗改革と合わせて，最も支持されていた情報取集手段であるメーカーホームページの情報発信とうまくリンクさせていく必要がある。

本章で考察してきた，地方に住むエントリー世代を自動車へ興味を持たせるためにはどうすればよいのか。これについて筆者は，メーカーとディーラーが連携し，顧客が自動車に求める環境に優しく，省エネルギーという顧客価値を今後も追加していくとともに，また，その顧客価値を時代の求めるカタチに変化させていくのが好ましいと考える。そのためには，メーカーとの連携による情報戦略も必要であるし，女性目線によるディーラーの店舗改革も必要になってくるということである。

エントリー世代が重視する口コミツールであるフェイスブック，ツィッターによる関係性構築の手段としての情報発信に加え，LINEも効果的に使えるようにすることで，少しでもクルマに対する興味を持たせる戦略の再構築が必要になってきていると考えられる。

《注》

1 『日本経済新聞』2013年4月26日。
2 塩地洋・孫飛舟・西川純平（2007）『転換期の中国自動車流通』蒼蒼社，p.104では，「日系合弁メーカーの販売計画の動きをビジネスチャンスと捉え，中国への進出を抱いている日本の自動車ディーラーや自動車関連企業が現れている」との分析を示している。
3 『日本経済新聞』2013年8月7日。
4 日本自動車工業会によれば，「クルマの免許を保有する年齢に達しているものの，まとまった所得がまだない現大学生（18～24歳の4年生大学・短大在学中の男女）」をエントリー世代としている。
5 日本自動車工業会（2009）「乗用車市場動向調査～クルマ市場におけるエントリー世代のクルマ意識～」日本自動車工業会，pp.6-11。
6 日本自動車販売協会連合会「新車乗用車販売台数月別ランキング2012年」および「新車乗用車販売台数月別ランキング2013年」による。
7 「再拡大に向けた社内革命新規投資3年凍結の真意」『週刊東洋経済』2013年4月20日。

8　警察庁『警察白書』各年版より算出。

9　塩地洋（1999）「値引販売慣行の改革方向（2）－自動車フランチャイズ・システムの制度疲労－」『経済論叢』京都大学，第163巻第5･6号。

10　Sewell, E. and C. Bodkin（2009）"*The Internet's Impact on Competition, Free Riding and The Future of Sales Service in Retail Automobile Markets*", Eastern Economic Journal Vol.35, p.96.

11　Kumar, V. and W. Reinartz（2012）"*Customer Relationship Management Concept, Strategy, and Tools*", Springer, New York, p.237.

12　山下裕子・福冨言・福地宏之・上原渉・佐々木将人（2012）『日本企業のマーケティング力』有斐閣，pp.232-234。

13　「クルマに関心のある方もない方も，また小さい子供さんから大人まで，誰もがワイワイ盛り上がれる"お祭り"」をコンセプトにしていた。

14　全国軽自動車協会連合会（2013）「2012軽四輪車販売台数（都道府県別）」。

15　Narang, S., Jain, V. and S. Roy（2012）"Effect of QR codes on Consumer Attitudes", IJMM Summer Vol.7, pp.52-64.

16　恩蔵直人（2007）『コモディティ化市場のマーケティング論理』有斐閣，pp.122-125。

17　「連続増収増益企業が明かす意外な顧客の増やし方」『日経情報ストラテジー』NOVEMBER（2012）。

18　阿部真也・宮﨑哲也（2012）『クラウド&ソーシャルネット時代の流通情報革命プラットフォームの覇者は誰か⁉』秀和システム，pp.107-111。

第6章

自動車エントリー世代を振り向かせるために

1 製品で振り向かせる

1-1 装備による差別化

自動車の装備は顧客ニーズ，技術革新，メーカーのマーケティング戦略により年代に応じてさまざまに変化してきた。例えば1970年代，パワーステアリング，エアコンはオプション，パワーウインドウも一部の高級車しか装備されていなかった。それが1980年代になると，標準装備となり，1990年代にはウインドウガラスはUVカット機能が付いたガラス，アンチロックブレーキ，エアバックが付き，高級車ではカーナビも標準装備となる。2000年代には横滑り制御装置，自動ブレーキも標準装備となっていく。今日ではこれらの装備が付いていないクルマが考えられるだろうか。それだけ自動車は快適な乗り物になってきたということである。当然のことながら，価格も少しずつ上昇していく。快適な乗り物になった自動車にエントリー世代を振り向かせるためにはどうすればよいのか。1990年代の平成になってから誕生したエントリー世代は，昭和生まれの親世代が乗っていたクルマに少なからず影響を受けていることが日本自動車工業会の2009年調査からも明らかになっている。

本書では，前章までエントリー世代が誕生した1990年代から今日に至るまでのマーケティングの変化をマツダ，レクサス，トヨタ，ホンダ，ダイハツ，スズキを事例に時系列的にみてきた。近年では2008年のリーマンショックに端を発した景気の不透明感に加え，2011年の東日本大震災，ガソリン価格高騰といった複数の要因が重なり，自動車購入が低迷した。

メーカーはこれらに配慮しつつ，欲しいと思ってもらえるクルマをつくらなければならない。エントリー世代は自動車購入に際し「クルマに感じるベネフィット（価値）の薄れ」，「地球環境や社会に対する負担意識の高まり」，「コストや労力などの障害の高まり」を購入阻害要因としてあげた。日本自

表6-1　カーナビは必要か

（複数回答）

	男性	女性	合計
必要	57.3%	64.0%	59.6%
必要ない	9.4%	8.0%	8.9%
コスト的に付けられるようならば付けたい	31.3%	28.0%	30.1%
自動車購入時でなく，カーショップで付ける	2.0%	0.0%	1.4%
合計	100.0%	100.0%	100.0%

出所：2012年12月実施の筆者の調査を基に筆者作成。

動車工業会は，メーカーがこれらの阻害要因を取り除き，「情報化」，「自動化」，「環境性能向上」など，クルマの『効用』を高め，経済的，労力的な『負担』を減らしていくことが重要であると指摘した[1]。つまり，阻害要因を取り除き，「情報化」，「自動化」，「環境性能向上」の３つの効用を高め，労力的負担を減らすクルマでなければ，エントリー世代を魅了しないということである。

クルマの効用を高めるものの１つとして装備がある。これには，視覚的に分かるボディ形状，カラー，室内の雰囲気，カーナビゲーション（カーナビ）などと，視覚的には分からないエンジンの出力，ブレーキ，サスペンション，ボディ強度などがある。

ここでは，視覚的にも分かるカーナビについて考えてみよう。**表6-1**を参照いただこう。この表は，エントリー世代がカーナビを必要とするかについて調査した結果である。「必要」，「コスト的に付けられるようならば付けたい」を合わせると男性，女性ともに90%が必要としているが，男性２%，女性０%は「自動車購入時ではなく，カーショップでつける」と答えた。この調査結果から，カーナビは自動車購入時に付ける必要な装備の１つであり，自動車購入時に欲しい装備であるといえる。

カーナビがどのように進化してきたかについては，第３章のITSを活用した情報サービスのところで述べた。そこでは，カーナビは，ホンダのように走行のための情報提供に注力したもの，トヨタのように情報端末としても機能するものの２つに大別された。しかし，2000年代までのカーナビは，情報端末としては機能が充実しておらず，価格も高価であったために装着率が高くはなかった。

トヨタ「G-BOOK」，ホンダ「インターナビプレミアムクラブ」は，プローブ情報[2]を駆使しVICS情報だけでなく，独自のルート案内を行うことで渋滞の回避，災害時の通行可能な道路などの情報を提供することによって差別化を図っていた。

それが，2010年代になって急速に普及したスマートフォーン（以下，スマホという）が，この状況を変えてしまった。みなさんもご承知のように，スマホはGPSを使った道案内ができる上に，インターネットにアクセスすることで情報検索もできる。これらの機能をナビゲーションに活用して代用することで，低価格のカーナビを提供できるようになっていった。エントリー世代が日常使っているスマホの利便性を車内でも違和感なく使えるようにしようとしている。

2013年２月に発売されたスズキのスペーシアは，メーカーオプションとしながらも，スマホと接続することを前提とした機能を付加した。例えば，スマホの操作と同じく，クリックすると画面がスライドでき，ピンチ操作で拡大および縮小ができるようになった。昭文社「MAPLLE」と提携し，ガイドブック130冊分のデータを検索，スマホで検索した目的地をナビの目的地として設定もできるようになった。フェイスブック，ツィッターもカーナビ画面上で使え，Googleカレンダーと同期させスケジュール管理もできる。また，Bluetoothでつなげれば，スマホに入れておいた音楽も車内で聞くことができ，ハンズフリーマイクを備えているため，運転中でもハンドルから手を離さずに通話ができるようになっている[3]。

トヨタ，ホンダとは異なり，プローブ情報の蓄積がないスズキは，エントリー世代の必需品となっているスマホをカーナビに接続して使うことによって，差別化を図っているのである。ローコストな上に，ナビゲーション以外も楽しめ，しかもエントリー世代にとっては使い慣れたスマホということもあり，操作も慣れている。

ただ１点，筆者が気になるのは，購入時に装備したカーナビをスマホの進歩に合わせて買い替える必要が出てくるのではないかということである。新車で購入した場合，最低でも最初の車検である３年後までは乗ることが大半である。その期間，カーナビは進化しないことになる。一方で，スマホは半年に１回はモデルチェンジが行われ，機能が進化していっている。この点さえクリアされれば問題はないのだが。

エントリー世代の考え方としては，携帯電話（スマホ）は片時も手放せない個人の必需品ではあるが，一方，クルマは家族と共有しても構わないという。スマホの機能を使ってナビゲーションするカーナビはエントリー世代にとっては便利でも，他の家族には何ら特別なことはない「普通のカーナビ」ということもありうる。それでも，メーカーはエントリー世代をクルマに振り向かせる手段の１つとして，スマホの機能を車中でも使えるようにしていると考えられる。言葉を換えれば，常にスマホの進化に目を配り，スマホの使い方の変化も配慮し，飽きさせない機能を追加していかなければならなくなってきたともいえるのである。

1-2　技術による差別化

自動車は，走る，止まるという技術を中心に進歩してきた。それが近年，環境汚染対策のために化石燃料を使わずに走る技術，自動車数の増加に伴う交通事故を回避するための安全性を追求した技術が進展してきている。これらの技術が顧客層のクルマに対する効用を高めるようになってきている。

ここで，顧客にとっての効用とは何だろうか。少し整理しておこう。顧客にとっての効用は，それを使うことで得る価値とも言い換えることができよ

図6-1　顧客価値

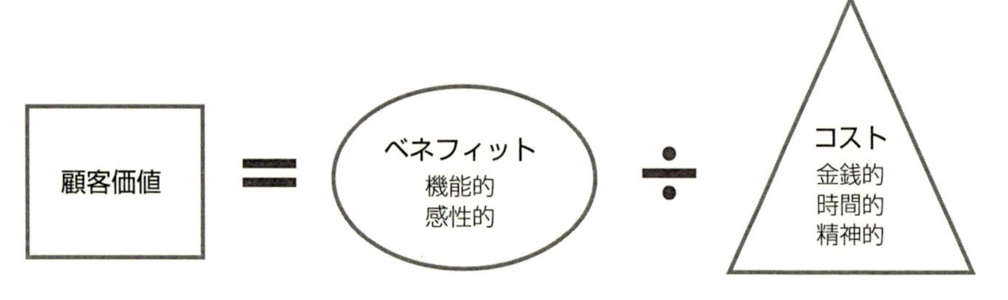

出所：恩藏直人・買い場研究所（2010）『感性で拓くマーケティング』丸善プラネット, p.13。

う。そこで，**図6-1**を参照いただこう。

顧客価値は，ベネフィットをコストで割ることによって見いだすことができる。自動車購入を例にすれば，コストとは購入のための資金（金銭的コスト），ディーラーに来店するために要する時間（時間的コスト），ディーラーでの営業員との商談（精神的コスト）が考えられる。これらは，顧客個人の主観に帰するところが大きい。それに対して，ベネフィットである機能的，感性的な要因を増加させるのは，メーカーのマーケティングということになろう。

ベネフィットである２つの要因を高めるためには，ターゲットとなる層を魅了する要因がなくてはならない。続いて，**図6-2**を参照いただこう。この写真は，スバルによる運転支援システム，アイサイトのデモンストレーションの様子である。アイサイトを搭載したレガシィに体験者と社員が同乗し，クルマの前に障害物を置き，自動でブレーキがかかるということを体感してもらう。スバルはテレビＣＭ，ホームページからアイサイトの情報発信だけでなく，このようなデモンストレーションを各地で催し，運転支援システムを体感してもらうことで，スバルの安全性をアピールしてきた。

スバルの運転支援システムの開発は，1989年から開始されている。1999年にアクティブ・ドライビング・アシストとして実用化し，2003年にステレオ

図6-2　スバルアイサイトのデモンストレーション

出所：2012年10月筆者撮影。

カメラとミリ波レーダーによる改良型を発表した。2008年からは日立製作所と共同で開発したステレオカメラのみで衝突を回避する安全性能を確保したバージョン2に発展させていく。人や物を障害物と認識して自動でブレーキをかける機能である。その後も，年に500～600回の衝突実験を行い，2010年にバージョン2，2014年にバージョン3となり，それがレヴォーグの発売に合わせて搭載された[4]。

エントリー世代がスバルのアイサイトを「クルマのベネフィット」，「交通事故を回避するための装備」として認識すれば，クルマに対する危険なイメージをより安全なイメージへと変えることが可能となる。

スバルのアイサイトは，カラーカメラを使っているため，人だけでなく赤信号，自動車のブレーキランプも検知して追突を回避できるようになっている。このアイサイトは10万円で装備できるオプションとなっているが，実に購入客の9割がアイサイト付きを選ぶ[5]。安心，安全が10万円で買えるならば安いと考える人が多いのだ。2014年にスバル（富士重工業㈱）が出した新中期経営ビジョンによれば，顧客に提供する価値は「安心と愉しさ」と明記

表6-2　どのメーカーのクルマが欲しいか

（複数回答）

メーカー	男性	女性
トヨタ	41.7%	36.0%
レクサス	26.0%	10.0%
日産	13.5%	16.0%
ホンダ	11.5%	14.0%
三菱	1.0%	0.0%
スバル	1.0%	0.0%
ダイハツ	11.5%	24.0%
マツダ	3.1%	2.0%
スズキ	4.2%	10.0%
その他	3.1%	8.0%

出所：2012年12月実施の筆者の調査を基に筆者作成。

されており，総合安全性NO.1を掲げている。現段階では前方のみの追突回避技術であるが，2020年までに全方位追突回避を目指すというビジョンを持っている[6]。スバルは，「安全なクルマ」というブランドイメージの定着を目指している。

表6-2をご覧いただこう。この表は，筆者が2012年に大学生146名に対して行った調査結果である。トヨタ，レクサス，ダイハツといったトヨタグループが支持を得ていることがお分かりいただけよう。エントリー世代である彼らにとって三菱（三菱自動車），スバルは欲しいクルマの対象になっていない。特に，両メーカーともに，女性からは欲しいという回答がなかった。どんなに先進的技術で「安心と愉しさ」をメーカーがアピールしたとしても，支持されるまでには時間と工夫が不可欠ということである。

ちなみに，本人がクルマを所有していたのは，男性が新車で購入５名，中古車17名，女性が新車で購入４名，中古車４名である。このうち，男性４名，女性１名がアルバイトをして購入していた。他は親に購入してもらっていた。それ以外の学生は，社会人になって働き始めてから購入したいと回答していた。

スバルの自動車は，本当に顧客層に人気がないのだろうか。人気があるかどうかの１つの目安として，年度で20,000台以上販売台数があれば，顧客に人気があると考えられる。年度別に新車販売台数上位に入っているスバル車をみてみると，2009年度レガシィ30,845台で28位，2010年度レガシィ24,221台で29位，2011年度インプレッサ30,146台で26位，レガシィ23,727台で30位，2012年度インプレッサ54,254台で10位，2013年度インプレッサ62,524台で９位，フォレスター37,125台で21位となっている[7]。これらの結果から，レガシィ，インプレッサ，フォレスターは顧客層に対して，一定の評価を受けているようである。特に，インプレッサは，近年になるほど人気が上昇している。

2011年度にインプレッサが30,146台を売り上げた要因と考えられるのが，2010年にバージョン２に進化したアイサイトが搭載可能になったことである。それに加えて，レガシィの価格帯が250万円台から370万円台であるのに対し，インプレッサは150万円台から240万円台となっており，顧客層の手の届きやすい価格帯になっていることも販売台数を伸ばした要因といえる。

新車販売台数を伸ばしている車種があるということは，エントリー世代以外の層にも支持されていると考えられる。スバルはアイサイトのみでなく，水平対向エンジン[8]を搭載しているという独自性も持ち合わせている。要するに，玄人受けするクルマであることは間違いない。しかし，エントリー世代からの支持を得なければ，今後，顧客数増加も期待できない。それゆえ，スバルの課題はアピールであるといえる。特に女性に支持されるクルマづくり，ＣＭづくりが必要であるといえる。

表6-3を参照いただこう。2013年度の新車販売台数が示されている。販売台数９位に前年比115.2％のインプレッサ，21位に前年比198.5％のフォレスターがある。インプレッサ，フォレスターはともにアイサイトバージョン２を搭載したSUVである。先述したように，「購入客の9割がアイサイト付き」を選ぶというところから，スバルの安全技術アイサイトが一定の評価を得た結果ともいえる。

表6-3　2013年度新車販売台数とブランド名

順位	ブランド	メーカー	販売台数	前年比	エンジン形式	ボディ形状
1	アクア	トヨタ	259,686	91.9	ハイブリッド	2BOX
2	プリウス	トヨタ	251,915	89.7	ハイブリッド	セダン
3	フィット	ホンダ	217,100	127.6	ハイブリッド・ガソリン	2BOX
4	ノート	日産	135,162	117	ガソリン	2BOX
5	カローラ	トヨタ	117,255	145.5	ハイブリッド・ガソリン	セダン・ワゴン
6	セレナ	日産	95,716	99.8	ハイブリッド・ガソリン	ミニバン
7	ヴィッツ	トヨタ	86,814	93	ガソリン	2BOX
8	クラウン	トヨタ	74,370	162.2	ハイブリッド・ガソリン	セダン
9	インプレッサ	スバル	62,524	115.2	ハイブリッド・ガソリン	SUV
10	フリード	ホンダ	60,849	70.7	ハイブリッド・ガソリン	ミニバン
11	ステップワゴン	ホンダ	57,641	87	ガソリン	ミニバン
12	ヴォクシー	トヨタ	53,612	128.5	ハイブリッド・ガソリン	ミニバン
13	ヴェルファイア	トヨタ	52,728	106.7	ハイブリッド・ガソリン	ミニバン
14	スペイド	トヨタ	49,151	118.2	ガソリン	2BOX
15	パッソ	トヨタ	45,070	99.2	ガソリン	2BOX
16	エクストレイル	日産	42,533	161.8	ガソリン・ディーゼル	SUV
17	スイフト	スズキ	42,157	99.3	ガソリン	2BOX
18	ノア	トヨタ	41,093	127.9	ハイブリッド・ガソリン	ミニバン
19	デミオ	マツダ	40,799	77.4	ガソリン	2BOX
20	CX-5	マツダ	39,079	95.9	ガソリン・ディーゼル	SUV
21	フォレスター	スバル	37,125	198.5	ガソリン	SUV
22	アルファード	トヨタ	35,741	99.1	ハイブリッド・ガソリン	ミニバン
23	エスティマ	トヨタ	35,669	95.8	ハイブリッド・ガソリン	ミニバン
24	アクセラ	マツダ	31,851	227.1	ハイブリッド・ガソリン・ディーゼル	2BOX・セダン
25	ソリオ	スズキ	31,551	89.2	ガソリン	ミニバン

出所：日本自動車販売協会連合会統計資料および各メーカーホームページを基に筆者作成。

トヨタ，ホンダ，日産が販売台数上位を占める中にあって注目したいメーカーがもう1社ある。それは，マツダである。マツダは販売台数19位にデミオ，20位にCX-5が入っている。そのマツダ車の中で，前年度比で突出した販売台数を記録したクルマがある。それは前年比227.1％となったアクセラである。

アクセラはハイブリッド，ガソリン，ディーゼルと３タイプのエンジンを有している。ハイブリッドに関しては，他社からの技術提供によるものであるので，特に注目に値しない。マツダで注目すべきは，ガソリンとディーゼルエンジンを積んだ車種であり，特にはディーゼルエンジン搭載車である。

そのクルマはスカイアクティブテクノロジーと名付けられ，低燃費，高効率を売りとする。特に2012年２月のCX-5に導入以降，累計100,325台[9]となったディーゼルエンジンはガソリンに比べ安価な軽油を使い，燃費も良く，ディーゼルエンジン特有の黒煙を排出しないマツダの技術力を駆使したものである。マツダはハイブリッドではなく，既存技術を高めることによる差別化を画策したのである。ハイブリッドは電機メーカーとの共同開発が必要で，多額のコストを必要とすることになるからである。

マツダはスカイアクティブテクノロジーだけでなく，クルマのデザインでも従来からの脱却を図った。それはデザインコンセプトを「魂動」[10]としたことである。魂を動かすような躍動感あるデザインを目指し，フロントグリルを統一デザインとすることで，マツダのクルマであることを視覚的に表現しようとした。スカイアクティブテクノロジーに加え，視覚的にも訴えかけることでマツダを印象づけるマーケティング戦略を展開している。

2010年代になって，マツダは技術とデザインをうまく組み合わせ，販売台数を伸ばしてきた。デミオが「2014-15 日本カー・オブ・ザ・イヤー」を受賞するなど，顧客のみならず自動車の専門家からも評価が高い。

マツダはフレア，キャロルといった軽自動車も販売しているが，スズキから提供されており，エントリー世代に受け入れられるかどうかはデミオ，アクセラといったマツダのオリジナルモデルの評価にかかっている。**表6-2**に示したように，マツダは，エントリー世代にとって欲しい自動車のメーカーの候補になっているとはいえない。そこで，今後の動向に着目する必要がある。特に1989年９月に発売されて以来，25年にわたりマツダを代表するモデル[11]であるロードスターが2015年にモデルチェンジする。このロードスターと2014年にモデルチェンジしたデミオがどれだけエントリー世代に受け入れられるかによって，マツダの今後もみえてくる。

第１章で述べたウェブチューンファクトリーの例にもみられるように，マツダは先進的な取組みを積極的に行ってきたメーカーでもある。2013年に発売されたアクセラからは，Mazda Connectというスマートフォンの機能を最大限使ったカーナビを発売した。2013年の東京モーターショーでは，このカーナビの機能を説明するブースが設けられ，デモンストレーションが実施されていた。

マツダの課題となってくるのは，これらを地方都市に住むエントリー世代にどのように伝え，購入に結びつけるかである。そのためにやるべきことは，これらの機能を体験しうるコーナーを隅々まで設置していくことも一策なのではないかと考える。

2 マーケティングで振り向かせる

2-1 クルマに興味を持たせる

エントリー世代は本当にクルマに興味を持っていないのか。クルマの名前さえも認識していないのであろうか。第５章の**表5-3**に示したように，エントリー世代が欲しいと思うクルマは，女性は圧倒的に軽自動車で，男性は普通車（５ナンバー車）と軽自動車を欲しいクルマの候補としている。

表6-4は，ホンダの軽自動車認知度を調査したものである。N-BOXとライフの認知度が50％を超え，エントリー世代にも認知度が高いことがお分かりいただけよう。

次に，**表6-5**はスズキの軽自動車認知度である。アルト，ラパン，ワゴンRが50％を超え，MRワゴン，ワゴンRスティングレーも40％を超え高い認知度がある。

表6-6には，ダイハツの軽自動車認知度が示されている。ミライース，ミラ，ムーヴ，タントは50％以上の認知度があり，ムーヴ，タントに関しては約90％が知っていると答えた。他にも，ムーヴカスタム，ムーヴコンテ，タントカスタムといった車種が30％以上の認知度であり，ダイハツ車が最も認知度が高いという結果となった。

これら車種の認知度の高さは，新車販売台数にも反映されており，多くの

表6-4　ホンダの軽自動車認知度（2012年）

（複数回答）

ブランド	男性	女性
N-ONE	27.1%	40.0%
N-BOX	59.4%	72.0%
N-BOX　＋	34.4%	24.0%
バモス/バモスホビオ	30.2%	16.0%
ライフ	70.8%	58.0%

出所：2012年12月実施の筆者の調査を基に筆者作成。

表6-5　スズキの軽自動車認知度（2012年）

（複数回答）

ブランド	男性	女性
アルト	62.5%	58.0%
アルトエコ	18.8%	14.0%
エブリイワゴン	13.5%	8.0%
MRワゴン	46.9%	60.0%
ジムニー	32.3%	32.0%
パレット	40.6%	28.0%
パレットSW	28.1%	14.0%
ラパン	67.7%	90.0%
ワゴンR	82.3%	86.0%
ワゴンRスティングレー	51.0%	42.0%

出所：2012年12月実施の筆者の調査調査を基に筆者作成。

表6-6　ダイハツの軽自動車認知度（2012年）

（複数回答）

ブランド	男性	女性
ミライース	71.9%	60.0%
ミラ	72.9%	70.0%
ミラカスタム	33.3%	22.0%
ミラココア	30.2%	46.0%
ムーヴ	89.6%	94.0%
ムーヴカスタム	51.0%	38.0%
ムーヴコンテ	31.3%	34.0%
ムーブコンテカスタム	31.3%	20.0%
タント	90.6%	90.0%
タントカスタム	55.2%	34.0%
タントエグゼ	34.4%	18.0%
タントエグゼカスタム	26.0%	6.0%
アトレーワゴン	9.4%	4.0%

出所：2012年12月実施の筆者の調査調査を基に筆者作成。

車種が認知されていたダイハツが販売台数では最も多くなっている。ダイハツはニーズに合わせた車種構成に加え，ディーラーへ入りやすくするためにカフェプロジェクトを行うなど，顧客目線のサービスの改善に取り組んできた。これらの取組みは女性を意識したマーケティングであったことはいうまでもない。

2010年代になってようやく，スズキも女性を中心に店舗改善に取り組んでおり，ディーラーへの入りやすさ，女性目線のクルマづくりで2013年２月に発売されたスペーシアなど，積極的な取組みを展開し始めた。

軽自動車はエントリー世代の男性にも女性にも支持される車種であったが，他車種で注目すべきマーケティングはないのであろうか。トヨタが行った特別な事例として，アニメーションとのコラボレーションがある。既存ライン車を使い，アニメキャラクターの世界観を演出することでアニメのファンだけでなく，特別感をアピールするという取組みである。それは1979年から名古屋テレビ系で放送が開始されたアニメの『機動戦士ガンダム』とコラボレーションしたトヨタの特別仕様車シャア専用オーリスである。このオーリスは，地球連邦に属する主人公アムロと敵役のジオン公国に属する「赤い彗星」と呼ばれるシャアとの戦いを通して，アムロが成長していくというストーリーで国民的人気を誇るアニメとのコラボで話題を呼んだ。

このアニメでは，モビルスーツという人型ロボットに搭乗し戦うが，「赤い彗星」のシャアとアムロはニュータイプと呼ばれ，超能力のような卓越した戦闘力を持つ特別な存在として設定されている。特にシャアが搭乗するモビルスーツは赤い色で他のモビルスーツよりも高速で動くことができ，装備も高性能化された特別なもので，その赤いモビルスーツをみた地球連邦軍は恐怖するというストーリーになっていた。

トヨタは「赤い彗星」のシャアというキャラクター，特別仕様のモビルスーツという世界観を自動車で表現しようとした。当然のことではあるが，ボディは赤色に塗装され，アンテナはシャア専用ザクが付けていた隊長を表す菱形の形状のものが装備され，フロント部分にはコードネーム番号が付けられ，エンブレムはジオン公国の紋章も入れられた。内装もモビルスーツのコックピットを連想させる特別なカラーリングが施され，視覚的にも特別なモデルであることが分かるようになっていた。

トヨタはオーリスを発売するまで，ホームページからこのオーリスのコンセプト，思いを発信し，購入申し込みはホームページから行い特別仕様であることをアピールした。顧客の近くのディーラーで，この特別仕様車を受け取り，アフターサービスは通常モデルと同様のサービスが受けられた。販売台数を限定し，限定されたメディアを使い，希少性を高めたことから，発表と同時に予約が殺到し大成功を収めた。

この取組みにおいて，注目すべきはプロモーションである。「赤い彗星」のシャアとトヨタオーリス，２つのブランドがうまく融合しブランディングに成功したと考えられる。**図6-3**を参照いただこう。ブランディングでは，

図6-3　ブランディング

出所：Hestad, M. (2013) *Branding and Product Design*, Gower, Farnham,p.68を基に筆者作成。

製作者の「思い」と「機能」をゆがみなく製品で実現させなければならない。そもそも，世代を超えて人気のあるキャラクターである「シャア」と赤いクルマをかけ合わせるという素材のチョイスが見事であった。ブランド力のある魅力的なクルマになると予見できる。ましてやファンは実車を見る前から購買意欲をかき立てられたに違いない。ブランディングに成功するためには，人気や力のある素材をゆるぎない技術で魅力的に仕上げなくてはならない。

そして，その製品は「憧れ」，「羨望」，「こだわり」といった思いをつけ，タイムリーに売り出すべきである。若すぎて買えなかった人も大人になり「今なら買える」というタイミングも重要なのである。それはクルマを選ぶ段階でのタイミングも同様である。

シャア専用オーリスの事例は，メディアを限定したことにより，顧客層に製作者の「思い」や「機能」を深く伝えることに成功したと考えられる。なにより，トヨタが「赤い彗星」のシャアという強烈なキャラクターイメージそのものにオーリスを仕上げたことが最強要因といえる。エントリー世代にとって，アニメは親近感が持てる存在である。彼らを振り向かせるためにも，このような取組みを今後も継続していくべきであろう。

2013年には，新たな取組みとして自動車メーカーのトップが大学に出向き，クルマの魅力を語り，学生からの意見を商品開発に活かしていくという取組みが行われた。メーカーのトップが学生たちから直接意見を聞くことで，彼らの欲しいクルマ，また買えるクルマはどのようなものかを知ることができた。現在，メーカーは彼らが将来ファンになってくれるよう細かな対応を行っている[12]。

アニメとのコラボレーション，トップ自らが意見を聞くという姿勢，それを商品開発に活かしていくという取組みは，エントリー世代をクルマに振り向かせるという意味合いからも継続していって欲しい取組みである。

2-2 ディーラーでの対応

エントリー世代をクルマに振り向かせるためには，製品戦略のみではなく，ディーラーにおけるサービスとの相乗効果が必要となってくる。それでは，ディーラーではどのようなサービスが必要なのか。**図6-4**は1990年代までのディーラーにおけるサービスを示している。高度経済成長期から構築されてきたサービスは，営業員によるフェイスツーフェイスによるサービスが基本であった。

図6-4　1990年代前半までのディーラーサービス

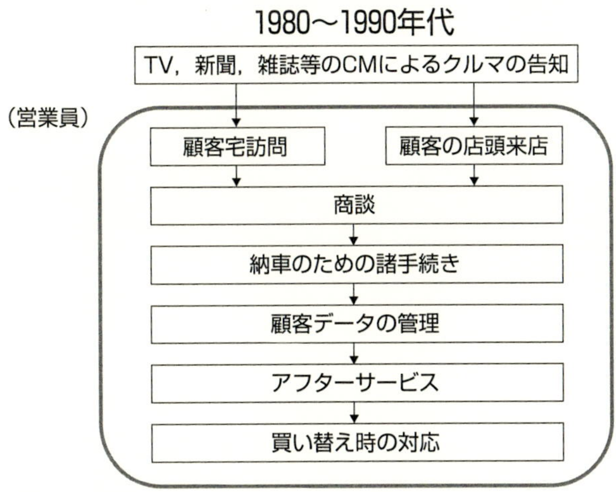

1980〜1990年代

TV，新聞，雑誌等のCMによるクルマの告知

（営業員）

- 顧客宅訪問 / 顧客の店頭来店
- ↓ 商談
- ↓ 納車のための諸手続き
- ↓ 顧客データの管理
- ↓ アフターサービス
- ↓ 買い替え時の対応

出所：筆者作成。

担当営業員との商談がまとまり，行政への手続き後に顧客に納車される。その後，１ヶ月点検，１年点検などを電話，ダイレクトメールでお知らせし，アフターサービスを行い，買い替え時にも対応してくれる。そのベースとなる顧客データの管理は，営業員が行い，アフターサービスが行われてきた。営業員の能力に大きく依存したサービスでもあった。それに，この方法はなじみの営業員が退職してしまった場合，後任者にうまく引継ぎができればよいが，できなかった場合は顧客が離れてしまうというデメリットを内包していた。前章の**表5-6**でエントリー世代がディーラーのどこを重視しているのか示しておいたが，重視されていたのは「ディーラーの入りやすさ」，「ディーラーの雰囲気」に加え，「ディーラーでの対応」，「営業員の対応」であったことを覚えておいでだろう。

このサービス体制に変化が生じたのが，1990年代後半から2000年代さらに今日に至るサービス体制である。**図6-5**を参照いただこう。従来からのＴＶ，新聞，雑誌等によるコマーシャル（ＣＭ）に加え，メーカーがホームページ

図6-5　1990年代後半からのディーラーサービス

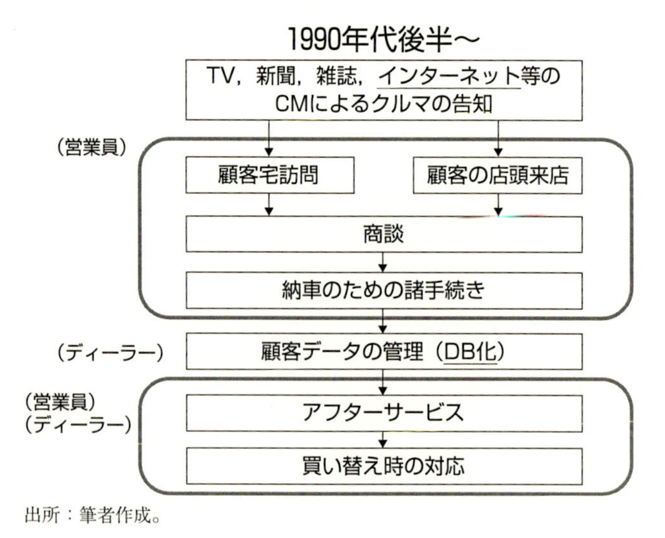

出所：筆者作成。

を開設してクルマに関する情報を発信するようになっている。

これまで営業員の能力に依存してきた顧客対応を，ディーラー全体で対応する方向に変化させてきたのである。顧客データを共有し，営業員が不在の場合でも適切なアフターサービスができ，迅速な対応が可能になり，顧客を待たせる時間が少なくて済むようになってきた。

このような体制づくりに加え，ダイハツが行ってきた「カフェプロジェクト」は「ディーラーの入りやすさ」，「ディーラーの雰囲気」を変革することに貢献し，ディーラー変革と合わせて効果を上げてきたと考えられる。スズキも2013年にテコ入れ策を実施した。統廃合により，店舗を大型化，女性客への配慮，個人ベースから世帯ベースへと顧客管理を変え，業販店でも情報化を推進したのである[13]。スズキはこれらの取組みを徹底させるため，毎月全国の店長を本社に呼び，国内営業担当副社長が直接指導する体制も整えられた。

体制づくりと並行して，クルマの購入しやすさを追求したサービスも始め

図6-6　新たな売り込み

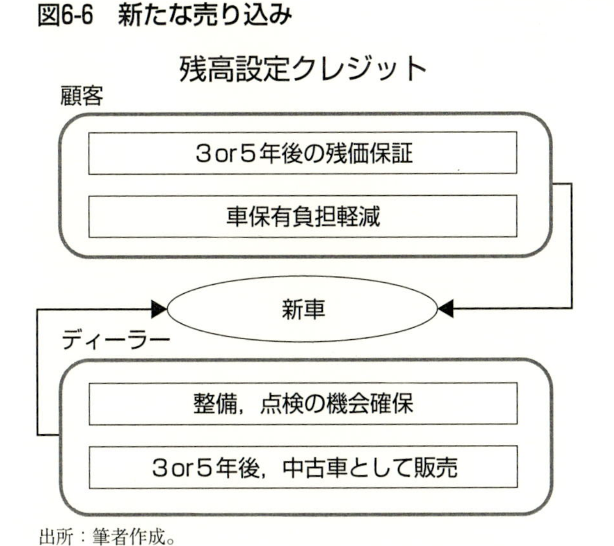

出所：筆者作成。

られている。**図6-6**を参照いただこう。日本で新車を購入する場合，３年で車検を受け，継続して乗るのであれば，２年ごとに車検を受ける必要がある。この制度に沿い，顧客の車保有負担を軽減するために考案されたものがある。それは残高設定クレジットである。

走行距離など，一定の決まりはあるが，３年もしくは５年後の自動車の評価額を定めておき，自分が乗った期間に該当する部分をクレジット払いするという仕組みである。例えば，５年後の評価額を100万円と仮定すれば，20万円／年をクレジットで支払えばよい。とても分かりやすいネーミングとなっている。自動車の所有者が本人名義で購入し車両登録する場合と異なり，安価で新車に乗れるというメリットがある。

ディーラー側も３年もしくは５年の間の整備，点検を取り扱った店舗でしてもらうことを条件とすることで，その期間，顧客とのつながりが途切れない。それに設定期間が満了した場合，顧客はその自動車の残価を支払い，そのまま購入することも可能，次の自動車に乗り換えるので返車するとなっても，ディーラーは中古車として販売できるため，収益にもつながるのである。

エントリー世代が自動車購入に際して感じている負担を少しでも和らげるという意味合いからも，残高設定クレジットは有効な手段となる。ここで気をつけなれければならないことは，この仕組みをうまく顧客層に説明することができるのかということである。第５章の**表5-7**で示したように，女性は特に「家族からの口コミ」，「友人からの口コミ」を重視する傾向にあった。家族，友人が残高設定クレジットに関して詳しく説明できればよいが，そうでなかった場合，ディーラーにおける商談時の説明が重要になる。ディーラーにおけるさまざまなサービスは，1990年代までの営業員の能力に依存した販売法から，ディーラースタッフにまで拡大してきている。しかしながら，形態は変化したが，ここでも店頭における人によるフェイスツーフェイスによるサービスに依存することになるのである。

また顧客が自動車を新車で購入した場合，点検，消耗品の交換，車検とい

図6-7　関係性を保つために

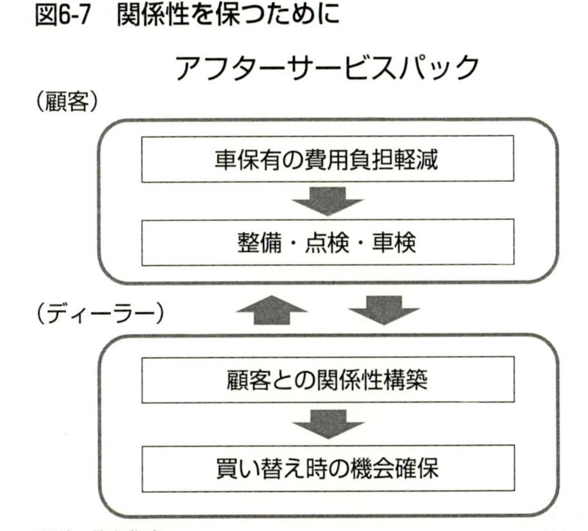

出所：筆者作成。

ったメンテナンスのわずらわしさが残る。このわずらわしさを軽減するために，アフターサービスパックというものを提供している。最初の車検である3年後まで車種によって異なるが，あらかじめ一定金額を支払うことにより，自動車を維持していくための整備，点検などをすべてディーラーで行ってくれるというサービスである。

自動車に乗る上でエンジンオイル，オイルフィルター，タイヤの摩耗等，消耗品の交換が必要になる。自動車の所有者が自分でこれらができれば何も問題ないのだが，交換するにしても工具がないとできないし，交換したオイルを処分しなければならない。これらのわずらわしさは，近くの自動車整備工場に依頼することでも解消する。しかし，そうなると顧客との接点がなくなってしまう。顧客との関係性を維持するために，メンテナンスを引き受けるというパッケージサービスが考えられる。

先に，顧客にとっての価値は，ベネフィットをコストで割ることで見いだせると述べた。残高設定クレジット，アフターサービスパックは，ディーラーにとっても顧客にとってもベネフィットはある。そこで差別化できるとすれば，コストにあたる部分となる。自動車整備工場に依頼するにしても，ディーラーに依頼するにしても時間的に大差がなかった場合，これらのサービスに顧客が価値を見いだすとすれば，それは価格になる。顧客層にこの金額でここまでやってくれるのかという価格設定にしなければ，このサービスを利用してもらえない。エントリー世代がクルマの購入にかかる負担感，維持していくための負担感を少しでも払拭するため，これらのサービスを行っている。これらのサービスは，もっとアピールしていくことで徐々に浸透すると思われる。

3 おわりに

エントリー世代をどうやったら自動車に振り向かせることができるのか。自動車マーケティングは1990年代から2000年代にかけてインターネットを活用したプロモーションに変化し，2010年代には新たな展開を迎えた。それはスマホ（スマートフォン）の普及に合わせた対応である。エントリー世代はスマホを手放せないが，高いクルマは所有しなくても家族と共有のもので構わず，必要なときに乗れればいいという。

無欲な彼らをクルマに振り向かせるために初めにまず取り組まれたのが，男性，女性ともに情報源としたホームページ情報発信の工夫であった。マツダのウェブチューンファクトリーによる購入のためのイメージをつかむ工夫，レクサスにみる高級車としてのブランド戦略，ITSを使ったカーナビへの情報提供であった。これらメーカー主導の取組みについて本書でも議論してきた。

一方で，ダイハツカフェプロジェクトにみられた店舗への入りやすさへの配慮は，女性顧客の多い軽自動車を販売の中心としているダイハツの効果的な取組みと評価できよう。メーカーによる情報発信とディーラーにおける細かなサービスがあってはじめて，販売台数を維持することができている。

エントリー世代がどこのメーカーのクルマが欲しいかという問いに対して，トヨタ，レクサス，ダイハツが多かったのは，これらトヨタグループの製品，サービスに顧客層である彼らが魅了されているからに他ならない。

現段階でエントリー世代からの支持の低いスバル，マツダではあるが，スバルはアイサイトによる衝突回避技術で安全で愉しいクルマというブランドイメージが今後できあがる可能性を秘めており，またマツダもホームページからの情報発信，ロードスターにみる固定客の維持，スカイアクティブテクノロジー，マツダデザインによる視覚的なアピールを積極的に取り組んでいる。これらのメーカーは，トヨタ，ホンダのようなプローブ情報を使ったカーナビ情報を提供できないことを逆手に取り，スマホを使ったカーナビを推進して差別化を図っている。後はこれらの取組みがエントリー世代に評価されるのを待つばかりである。

ディーラーでは残高設定クレジット，アフターサービスパックが提供され，クルマの購入しやすさ，維持にかかるわずらわしさの軽減を図っていた。これらは各メーカーともに，テレビCM，ホームページから情報発信を行っている。しかし，これらカーライフサポートと呼ばれる情報は，最も利用される情報ツールであるはずのメーカーのホームページに掲載されているのだが，「カーライフサポートを閲覧する」と答えたエントリー世代は20.5％に過ぎなかった[14]。

エントリー世代を振り向かせるための課題は，視覚的にメーカーが彼らの好むデザイン，視覚的には分かりにくいディーラーにおけるサービスの認知度をもっと向上させることである。そうすることで「自動車はこんなに安全で愉しく，維持するのもそんなに負担にならない」と思わせることができれば，エントリー世代も自動車に興味を示し，振り向いてくれるようになるのではなかろうか。なにしろクルマを運転するのは楽しいことなのだから。

《注》

1　日本自動車工業会（2009）「乗用車市場動向調査〜クルマ市場におけるエントリー世代のクルマ意識〜」日本自動車工業会，pp.6-11。
2　トヨタであれば「G-BOOK」，ホンダであれば「インターナビプレミアムクラブ」に契約し，カーナビを装備した会員の走行情報をデータベース化し，VICSによる渋滞情報に加え，実際の走行状況を加味して渋滞を回避するルート検索，災害による通行不可の道路状況等を提供するための情報。
3　スズキスマートフォン連携ナビホームページ（http://www.suzuki.co.jp/car/information/navi/feature/index.html#point2）。
4　「ぶつかることを予測でき，どの方向からぶつかってもより安全なクルマ」とスバルの主力市場である北米の法規制に対応するために，アイサイトのみでなく車体構造自体も強固にし，側面から衝突されても安全性を確保できるクルマをつくり上げた（『日経産業新聞』2014年9月29日）。
5　「先進安全車が走る」『日本経済新聞』2014年7月5日。
6　富士重工業（2014）『際立とう2020』p.11。
　スバルはアイサイトバージョン2の開発に際し，オプション価格を10万円とした理由を「この価格であれば，不注意でコツンとぶつけてしまってフロントバンパーを修理するためのコストを考えれば，装着していただけるのではないでしょうか。ともあれ，ステレオカメラの可能性を信じてあきらめずに開発を続けてきて，ようやくここまでたどり着いたという感じです。しかし私たちの開発はここで終わりではありません。SUBARUが目指しているのは，『あらゆる人にあらゆるシチュエーションで安心・快適なドライブを提供すること』です。技術は以前にも増して速いスピードで進化しています。これからはクルマ単体だけでなく，インフラや他車との情報のやりとりといった技術もさらに発展していくことでしょう。その中で，クルマメーカーとしてSUBARUがやるべきことはまだまだたくさんあるのです」と述べている（スバルホームページ「スバルアイサイト開発ヒストリー」（http://www.subaru.jp/about/technology/story/eyesight/eyesight05.html））。
7　日本自動車販売協会連合会「新車乗用車販売台数月別ランキング」各年版より，著者抽出。
8　このエンジンを量産しているのは，世界でもスバルとポルシェのみ，一般的なエンジンと比べ低重心という特徴があり，ポルシェに代表されるスポーツカーに搭載されるエンジンである。
9　「CX-5」72,182台，「アテンザ」23,524台，「アクセラ」4,619台。2014年8月末現在（マツダ調べ）。
10　「クルマをただの鉄の塊ではなく，まるで生き物のように生命感を感じさせるものにしたい。まるで意志を持って動き出しそうな緊張感と，体温を持ち呼吸しているかのような温かみをもった，生きたクルマをつくる。」ことを前提に「美しいものでなければ，人の心を打つことはできない。情熱を込めて作られたものでなければ，感動を呼ぶことはできない。」というのがデザインコンセプトである（http://www.mazda.co.jp/beadriver/design/）。
11　2011年2月に販売台数90万台を達成しギネスに登録され，現在も販売台数を伸ばしている。

12 「車離れ脱却へ出張授業」『日経産業新聞』2013年10月16日。

13 「スズキ，販売店を大型化」『日経産業新聞』2013年８月19日。

14 筆者が2012年12月にエントリー世代（大学生）に対して行った調査による。

参考文献

〈和文献〉

青木幸弘・岸志津江・田中洋（2000）『ブランド構築と広告戦略』日経広告研究所。
青木幸弘・電通ブランドプロジェクトチーム（1999）『ブランド・ビルディングの時代－事例に学ぶブランド構築の知恵－』電通。
青野豊作（2007）『新ホンダ哲学７プラス１』東洋経済新報社。
浅沼萬里（1986）「情報ネットワークと企業間関係」京都大学『經濟論叢』第137巻第１号。
浅沼萬里（1990）「現代の産業システムと情報ネットワーク－『市場』概念の再構築をめざして－」京都大学『經濟論叢』第146巻第１号。
阿部真也（2006）『いま流通消費都市の時代－福岡モデルでみた大都市の未来－』中央経済社。
阿部真也・宮﨑哲也（2012）『クラウド＆ソーシャルネット時代の流通情報革命プラットフォームの覇者は誰か⁉』秀和システム。
池尾恭一（2003）『ネット・コミュニティのマーケティング戦略－デジタル消費社会への戦略対応』有斐閣。
池原照雄（2002）『トヨタvs.ホンダ』日刊工業新聞社。
石井淳蔵（1999）『ブランド 価値の創造』岩波書店。
石井淳蔵（2012）『営業をマネジメントする』岩波書店。
石井淳蔵・厚美尚武編（2002）『インターネット社会のマーケティング』有斐閣。
石川和男（2009）『自動車のマーケティング・チャネル戦略史』芙蓉書房出版。
石坂芳男（2008）『トヨタ販売方式』あさ出版。
伊丹敬之（2004）『経営戦略の論理』日本経済新聞社。
伊藤元重（2006）『伊藤元重のマーケティング・エコノミクス』日本経済新聞社。
井上昭一（1982）『GMの研究－アメリカ自動車経営史－』ミネルヴァ書房。
井上昭一（1991）『GM－輸出会社と経営戦略－』関西大学出版部。
井上哲浩・日本マーケティングサイエンス学会（2007）『Webマーケティングの科学－リサーチとネットワーク－』千倉書房。
岩倉信弥（2003）『ホンダにみるデザイン・マネジメントの進化』税務経理協会。
岩下充志（2012）『ブランディング７つの原則』日本経済新聞社。
ウジトモコ（2008）『視覚マーケティングのススメ』明日香出版社。
上田隆穂（1999）『マーケティング価格戦略』有斐閣。
宇佐美洋一（2008）『現代日本の自動車産業とサービス産業』成文堂。
宇佐美洋一（2009）『「日本車」の品格』元就出版社。
宇田川勝（2013）『日本の自動車産業経営史』文眞堂。
NHK取材班（2010）『自動車革命　リチウム電池がすべてを変える』NHK出版。
榎泰邦（1999）『デトロイトの復活　アメリカ製造業と日本企業』丸善。

大石芳裕編（2009）『日本企業のグローバル・マーケティング』白桃書房。
大久保隆弘（2009）『エンジンのないクルマが変える世界 EVの経営戦略を探る』日本経済新聞社。
大﨑孝徳（2008）『日本の携帯電話端末と国際市場－デジタル時代のマーケティング戦略－』創成社。
大澤潤（2012）『マーケティング・マネジメント－ICTと流通－』学文社。
岡崎宏司（1994）『自動車の危機-クルマは生き残れるか』筑摩書房。
小川孔輔（1999）『マーケティング情報革命』有斐閣。
小川孔輔監訳・小川浩孝訳（2013）『流通チャネルの転換戦略　チャネル・スチュワードシップの基本と導入』ダイヤモンド社（Rangan V.K.（2006）"*Transforming Your Go-to-Market Strategy*", Harvard Business Press, Boston）。
奥井俊史（2006）『アメリカ車はなぜ日本で売れないのか』光文社。
小口博志（2009）『新車が売れない時代に新車を売る方法』幻冬社。
折口透（1997）『自動車の世紀』岩波書店。
恩藏直人（2007）『コモディティ化市場のマーケティング論理』有斐閣。
恩藏直人・及川直彦・藤田朋久（2008）『モバイル・マーケティング』日本経済新聞社。
香川勉（2000）「21世紀の環境適合型自動車の開発にむけて」『産業学会研究年報第15号』産業学会。
柏木重秋編（2005）『現代マーケティングの革新と課題　顧客満足・関係性マネジメント・営業戦略の新発想』東海大学出版会。
片平秀貴（1999）『パワー・ブランドの本質－企業とステークホルダーを結合させる「第五の経営資源」』ダイヤモンド社。
加藤司（2007）『日本的流通システムの動態』千倉書房。
加藤寛監修（2005）『ライフデザイン白書2006－07』第一生命経済研究所。
金子浩久（2005）『レクサスのジレンマ－ブランド商品化する自動車とマーケット－』学習研究社。
上山邦雄・塩地洋・産業学会自動車産業研究会編（2005）『国際再編と新たな始動－日本自動車産業の行方－』日刊自動車新聞社。
上山邦雄編（2009）『調整期突入！ 巨大化する中国自動車産業』日刊自動車新聞社。
川原英司（2011）『自動車産業次世代を勝ち抜く経営』日経BP社。
河村泰治（2001）『自動車産業とマツダの歴史』郁朋社。
木野龍逸（2009）『ハイブリッド』文藝春秋。
黒川文子（2008）『21世紀の自動車産業戦略』税務経理協会。
小林三郎（2012）『ホンダイノベーションの神髄』日経BP社。
小林英夫・金英善（2012）『現代がトヨタを越えるとき－韓国に駆逐される日本企業』筑摩書房。
小宮和行（2009）『自動車はなぜ売れなくなったのか』PHP研究所。
坂村健（2002）『21世紀日本の情報戦略』岩波書店。
佐藤正明（2000）『自動車合従連衡の世界』文藝春秋。
佐藤正明（2009）『トヨタ・ストラテジー 危機の経営』文藝春秋。
椎塚久雄（2013）『売れる商品は感性工学がある』KKベストセラーズ。

塩地洋（1999）「値引販売慣行の改革方向(2)－自動車フランチャイズ・システムの制度疲労－」『経済論叢』京都大学，第163巻第5･6号。
塩地洋（2002）『自動車流通の国際比較』有斐閣。
塩地洋（2003）「なぜ多種多段階？－中国自動車流通経路の形成と存続の論理－」『産業学会研究年報第18号』産業学会。
塩地洋・キーリー,T.D.（1994）『自動車ディーラーの日米比較－「系列」を視座として－』九州大学出版会。
塩地洋・孫飛舟・西川純平（2007）『転換期の中国自動車流通』蒼蒼社。
志賀内泰弘（2014）『No.1トヨタのおもてなし　レクサス星ヶ丘の奇跡』PHP研究所。
嶋口充輝・石井淳蔵・黒岩健一郎・水越康介（2008）『マーケティング優良企業の条件－創造的適応への挑戦』日本経済新聞社。
嶋口充輝・竹内弘高・片平秀貴・石井淳蔵編（1998）『マーケティング革新の時代④営業・流通革新』有斐閣。
嶋口充輝・竹内弘高・片平秀貴・石井淳蔵編（1999）『マーケティング革新の時代③ブランド構築』有斐閣。
下川浩一（1971）「米国自動車産業経営史序説（上）」法政大学『経営志林』第８巻第３号。
下川浩一（1972）「米国自動車産業経営史序説（下）」法政大学『経営志林』第８巻第４号。
下川浩一（2006）『「失われた十年」は乗り越えられたか』中央公論新社。
下川浩一（2009）『自動車産業危機と再生の構造』中央公論新社。
下川浩一（2009）『自動車ビジネスに未来はあるか？　エコカーと新興国で勝ち残る企業の条件』宝島社。
下川浩一・岩澤孝雄（2000）『情報革命と自動車流通イノベーション』文眞堂。
下河辺淳・東京海上研究所編（1994）『新クルマ社会』東洋経済新報社。
鈴木修（2009）『俺は中小企業のおやじ』日本経済新聞出版社。
鈴木貴博（2011）『「ワンピース世代」の反乱，「ガンダム世代」の憂鬱』朝日新聞出版。
陶山計介・梅本春夫（2000）『日本型ブランド優位戦略』ダイヤモンド社。
関満博（1999）『アジア新時代の日本企業　中国に展開する雄飛型企業』中央公論新社。
高井眞（2000）『グローバル・マーケティングへの進化と課題』同文舘出版。
髙木晴夫（2007）『トヨタはどうやってレクサスを創ったのか －日本発世界へ を実現したトヨタの組織能力－』ダイヤモンド社。
田邊学司（2013）『なぜ脳は「なんとなく」で買ってしまうのか？－ニューロマーケティングで変わる５つの常識－』ダイヤモンド社。
田村正紀（2006）『バリュー消費』日本経済新聞社。
中日新聞社経済部（2007）『トヨタの世界』中日新聞社。
塚本潔（2006）『ハリウッドスターはなぜプリウスに乗るのか－知られざるトヨタの世界戦略－』朝日新聞社。
塚本潔（2001）『トヨタとホンダ』光文社。
土屋勉男・大鹿隆（2002）「日本自動車メーカーの事業構想と戦略－なぜ日本自動車

メーカーは国際競争力が強いのか－」『産業学会研究年報第17号』産業学会。
土屋勉男・大鹿隆（2002）『最新・日本自動車産業の実力』ダイヤモンド社。
戸田雅章（2006）『トヨタイズムを支える「トヨタ」情報システム』日刊工業新聞社。
デトロイトトーマツコンサルティング自動車セクター東南アジアチーム（2013）『自動車産業ASEAN攻略　勝ち残りにむけた5つの戦略』日経BP社。
デルフィスITワークス編（2001）『トヨタとGAZOO　戦略ビジネスモデルのすべて』中央経済社。
富野貴弘（2012）『生産システムの市場適応力－時間をめぐる競争－』同文舘出版。
永井隆（2007）『スズキVS.トヨタVS.ホンダ　「軽」ウォーズ戦陣訓』プレジデント社。
日経デジタルマーケティング編（2011）『スマートフォン巧者のマーケティング術』日経BP社。
日本経済新聞社編（2009）『自動車新世紀・勝者の条件』日本経済新聞出版社。
日本自動車工業会（2008）『軽自動車の使用実態調査報告書』日本自動車工業会。
日本自動車工業会（2009）『乗用車市場動向調査～クルマ市場におけるエントリー世代のクルマ意識～』日本自動車工業会。
日本自動車工業会（2014）『軽自動車の使用実態調査報告書』日本自動車工業会。
野口智雄（2011）『水平思考で市場をつくるマトリックス・マーケティング』日本経済新聞出版社。
野村総合研究所宮本弘之・尾日向竹信（2006）『新世代富裕層の研究』東洋経済新報社。
博報堂パコ・アンダーヒル研究会・小野寺健司・今野雄策編（2009）『ついこの店で買ってしまう理由』日本経済新聞出版社。
原田保・三浦俊彦編（2002）『ｅマーケティングの戦略原理 ビジネスモデルのパラダイム革命』有斐閣。
福田俊之（2004）『最強トヨタの自己変革　新型車「マークX」プロジェクト』角川書店。
藤田憲一（2002）『自動車メーカーの新たなるビジネス革命　テレマティクス』日刊工業新聞社。
藤牧幸夫監修，横田浩一・桑原太郎（2006）『新富裕層の消費分析－藤巻流！「勝ち組」の意識を探る－』日経広告研究所。
藤本隆宏（2003）『能力開発競争』中央公論新社。
藤本隆宏・柴田孝（2013）『ものづくり成長戦略「産・金・官・学」の地域連携が日本を変える』光文社。
プラクティカル・ビジネス・コーチング（2008）『現場で見つけたディーラー改革のヒント』日刊自動車新聞社。
マーケティング史研究会 編（1995）『日本のマーケティング－導入と展開－』同文舘出版。
前間孝則（1998）『トヨタVSベンツ－世界自動車戦争の構図』講談社。
松浦由美子（2012）『O2O　新・消費革命』東洋経済新報社。
三浦展（2005）『下流社会　新たな階層集団の出現』光文社。
三澤一文（2005）『なぜ日本車は世界最強なのか』PHP研究所。
三本和彦（1997）『クルマから見る日本社会』岩波書店。

宮本喜一（2004）『マツダはなぜ，よみがえったのか？－ものづくり企業がブランドを再生するとき－』日経BP社。
森江健二（1992）『カー・デザインの潮流－風土が生む機能と形態－』中央公論社。
森本卓郎（2005）『年収300万円時代を生き抜く経済学－給料半減でも豊かに生きるために－』光文社。
安森寿朗（1999）『自動車インターネット販売戦略－淘汰再編時代の生き残り策を説く－』日本能力協会マネジメントセンター。
安森寿朗（2001）『21世紀自動車販売勝者の条件』産能大学出版部。
山岡隆志（2009）『顧客の信頼を勝ちとる18の法則－アドボカシー・マーケティング－』日本経済新聞出版社。
山﨑朗・玉田洋編著（2000）『IT革命とモバイルの経済学』東洋経済新報社。
山下英子（2003）『トヨタ「イタリアの奇跡」』中央公論新社。
山下裕子・福冨言・福地宏之・上原渉・佐々木将人（2012）『日本企業のマーケティング力』有斐閣。
山本哲士・加藤鉱（2006）『トヨタ・レクサス惨敗』ビジネス社。
吉川勝広（2012）『自動車流通システム論』同文舘出版。
読売新聞クルマ取材班（2008）『自動車産業は生き残れるのか』中央公論新社。
和田一夫（2013）『ものづくりを越えて』名古屋大学出版会。
和田充夫・新倉貴士（2004）『マーケティング・リボリューション』有斐閣。
渡辺陽一郎（2011）『スズキワゴン R－新ジャンルを創造した軽乗用車－』三樹書房。

〈雑誌・新聞・企業等の広報資料等〉

「クルマは日本を救えるか」『週刊 東洋経済』2013年４月20日号。
「レクサスの野望」『週刊 東洋経済』2005年11月12日号。
「トヨタの異変　崩れた品質神話」『週刊 東洋経済』2006年７月29日号。
「自動運転＋エコカーが世界を変える スマートカー巨大市場」『週刊 東洋経済』2013年11月９日号。
警察庁（2004）『平成16年版警察白書』ぎょうせい。
警察庁（2005）『平成17年版警察白書』ぎょうせい。
警察庁（2006）『平成18年版警察白書』ぎょうせい。
警察庁（2007）『平成19年版警察白書』ぎょうせい。
警察庁（2008）『平成20年版警察白書』ぎょうせい。
警察庁（2009）『平成21年版警察白書』ぎょうせい。
警察庁（2010）『平成22年版警察白書』ぎょうせい。
警察庁（2011）『平成23年版警察白書』ぎょうせい。
警察庁（2012）『平成24年版警察白書』ぎょうせい。
警察庁（2013）『平成25年版警察白書』ぎょうせい。
総務省（2003）『平成15年度情報通信白書』ぎょうせい。
総務省（2004）『平成16年度情報通信白書』ぎょうせい。
総務省情報政策通信局（2004）「平成15年度通信利用動向調査報告書世帯編」総務省。
日本自動車販売協会連合会「新車乗用車販売台数月別ランキング」2009年。

日本自動車販売協会連合会「新車乗用車販売台数月別ランキング」2010年。
日本自動車販売協会連合会「新車乗用車販売台数月別ランキング」2011年。
日本自動車販売協会連合会「新車乗用車販売台数月別ランキング」2012年。
日本自動車販売協会連合会「新車乗用車販売台数月別ランキング」2013年。
『日経産業新聞』2013年8月19日。
『日経産業新聞』2013年10月16日。
『日本経済新聞』2014年7月5日。
『日経産業新聞』2014年9月29日。
富士重工業（2014）『際立とう2020』。
「スバルアイサイト開発ヒストリー」スバル（富士重工業㈱）ホームページ。

〈洋文献〉

Aaker, D.A. and D. Mcloughlin (2007) *Strategic Market Management*, John Wiley & Sons, Chichester.

Aaker, D.A. and E. Joachimsthaler (2000) *Brand Leadership*, Free Press, New York.

Baisya, R. K. (2013) *Branding in a Competitive Marketplace*, SAGE, New York.

Batra, R. and A. Ahuvia R., P. Bagozzi (2012) *Brand Love*, Journal of Marketing Vol.76.

Brown, J.S. and Duguid, P. (2000) *the Social Life of Information*, Harvard Business School Press, Boston（宮本喜一訳（2002）『なぜITは社会を変えないのか』日本経済新聞社）.

COX, G.B. and W. Koelzer (2003) *Internet Marketing*, Prentice-Hall, New Jersey.

Darroch, J. (2014) *Why Marketing to Women Doesn't Work*, PALGRAVE MACMILLAN, London.

Davis, M.S. and Dunn, M. (2002) *BUILDING THE BRAND-DRIVEN BUSINESS Operationalize Your Brand to Drive Profitable Growth*, Jossey-Bass, San Francisco（電通ブランド・クリエーション・センター訳（2004）『フランド価値を高めるコンタクト・ポイント戦略』ダイヤモンド社）.

Dawson, C. (2004) *LEXUS the Relentless Pursuit*, John Wiley & Sons, Singapore.

Gilmore, J.H. and B. Joseph Pine II (2000) *Markets of One*, Harvard Business School Press, Boston（DIAMONDハーバード・ビジネス・レビュー編集部訳（2001）『ITマーケティング』ダイヤモンド社）.

Golinska, P. Ed. (2014) *Environmental Issues in Automotive Industry*, Springer, London.

Haghirian, P. (2011) *Japanese Consumer Dynamics*, PALGRAVE MACMILLAN, London.

Haig, M. (2007) *Brand Royalty*, Kogan page, London.

Hestad, M. (2013) *Branding and Product Design An Integrated Perspective*, Gower, Farnham.

Hodge, R. and L. Schachter (2006) *The Mind of Customer*, McGraw-Hill, New York.

Jeekel, H. (2013) The Car-dependent Society, ASHGATE, Farnham.

John, G. (2014) *Services Marketing: an Interactive Approach*, South-Western, Mason.
Keller, K.L. (2002) *Strategic Brand Management and Best Practice in Branding Case*, Prentice-Hall, New York.
Kotler, P. and N. Rackham (2006) *Ending the War Between Sales and Marketing*, Harvard Business Review, Boston.
Kotler, P. and A.J. Caslione (2009) *CHAOTICS the Business of Managing and Marketing in The Age of Turbulence*, American Management Association, New York.
Kourdi, J. (2011) *The Marketing Century*, John Wiley & Sons, Chichester.
Kumar, N. (2004) *Marketing as Strategy*, Harvard Business School Press, Boston.
Kumar, V. and W. Reinartz (2012) *Customer Relationship Management Concept, Strategy, and Tools*, Springer, New York.
Kumar, V. and J.A. Petersen (2012) *Statistical Methods in Customer Relationship Management*, John Wiley & Sons, Chichester.
Lane, N. (2011) *Strategic Sales and Strategic Marketing*, Routledge, New York.
Lee, S. and M. Cho (2011) *Social Media Use in a Mobile Broadband Environment: Examination of Determinants of Twitter and Facebook Use*, IJMM Winter Vol.6.
Magee, D. (2003) *Turnaround*, HarperCollins, New York.
Maxcy, G. (1981) *The Multinational Motor Industry*, Routledge, London.
Maynard, M. (2003) *The End of Detroit*, Random house, New York.
Morton, S.F., Zettelmeyer, F. and J. Silva-Risso (2001) *Internet Car Retailing*, the Journal of Industrial Economics Vol.49.
Narang, S., Jain, V. and S. Roy (2012) "*Effect of QR codes on Consumer Attitudes*", IJMM Summer Vol.7.
Nieuwenhuis, P. (2014) *Sustainable Automobility*, Edward Elgar, Cheltenham.
Parment, A. (2014) *Automobile Brand: Building Successful Car Brand for the Future*, Kogan Page, London.
Parment, A. (2009) *Automobile Marketing: Distribution Strategies for Competitiveness an Analysis of Four Distribution Configurations*, VDM Verlag Dr. Müller, Saarbrücken.
Payne, A. and P. Frow (2013) *Strategic Customer Management Integrating Relationship Marketing and CRM*, Cambridge University Press, New York.
Phelps, D.M. (1965) *Opportunities and Responsibilities of Franchised Automobile Dealer*, Journal of Marketing Vol.29.
Rapp, W.V. (2002) *Information Technology Strategies*, Oxford University Press, New York（柳沢享・長島敏雄・中川十郎訳（2003）『成功企業のIT戦略－強い会社はカスタマイゼーションで累積的に進化する－』日経BP社).
Raymond, F. and J. Strauss (1999) *Marketing on the Internet ; Principles of Online Marketing*, Prentice-Hall, New Jersey（麻田孝治訳（2000）『インターネット・マーケティング概論－ネット時代の新たなマーケティング戦略と手法－』ピアソン・エデュケーション).

Ricci, R. and J. Volkmann (2003) *Momentum*, Harvard Business School Press, Boston.

Roberts, M.A. and D. Zahay (2013) *Internet Marketing Integrating Online and Offline Strategies*, South-Western, Mason.

Rosenbaum-Elliott, R., Percy, L. and S. Pervan (2007) *Strategic Brand Management*, Oxford University Press, New York.

Rubenstein, M.J. (2001) *Making and Selling Cars*, the Johns Hopkins University Press, Baltimore.

Schmitt, B.H. (2003) *Customer EXPERIENCE Management*, John Wiley & Sons, Hoboken.

Sewell, E. and C. Bodkin (2009) *The Internet's Impact on Competition, Free Riding and The Future of Sales Service in Retail Automobile Markets*, Eastern Economic Journal Vol.35.

Shimokawa, K. (2010) *Japan and the Global Automotive Industry*, Cambridge University Press, Cambridge.

Volti, R. (2004) *Cars & Culture the Life Story of a Technology*, the John Hopkins University Press, Baltimore.

Wiedmann, K. and N. Hennigs (Eds.) (2013) *Luxury Marketing a Challenge for Theory and Practice*, Springer, Wiesbaden.

Zaltman, G. (2003) *How Customers Think*, Harvard Business School Press, Boston.

索引

数字

2014-15 日本カー・オブ・ザ・イヤー…143
3ナンバー車…56
5ナンバー車…56, 57, 117, 144

欧文

Advanced…38
AHS（Advanced Cruise-Assist Highway Systems）…58
au…82
A-Zスーパーセンター…101

BMW…39, 50-52, 86
BTO（Build-To-Order）サービス…11, 15

CX-5…142, 143

DAIHATU CAFE TALK…93, 94
DCM（データコミュニケーションモジュール）…70, 71, 73
DSRC（Dedicated Short Range Communication）…63

e-Japan戦略…5
ETC（Electronic Toll Collection System）…62, 63, 66, 76, 77

F1（フォーミュラ1）…30
FM多重放送…60, 61

GAZOO（ガズー）…66, 67
GAZOO.com…70
G-BOOK…68, 77, 97, 136
GM（General Motors）…33, 80, 106, 127
Google…74
Google Earth…74
GPS…136
G-Security…71

HDDタイプ…98
HP（ホームページ）…91

I.D.E.A.L.（アイディアル）…38, 39, 45
IT（Information Technology）…56
ITS（Intelligent Transport System）…23, 58, 67, 72, 76, 154
IT政策パッケージ2005…61

J.Dパワーアジア・パシフィック…82, 84

Kumar, N.（クーマー）…24, 49, 111

LEXUS the Luxury Division of TOYOTA…34
L-finesse（エル・フィネス）…38, 39, 45
LINE…130

Mazda Connect…144
MEGAWEB…116
MRワゴン…144

N-BOX…144
N-one…129
NTTドコモ…82

ORSE（道路システム高度化推進機構）…63

QR（Quick Response）コード…91, 122, 123

Reinartz, W.（ライナルツ）…111
Rubenstein, M.J.（ルーベンスタイン）…4, 31

SNS（ソーシャルネットワーキングサービス）…121, 126
SUV…35, 36

VICS (Vehicle Information and Communication System) ……58-60, 62, 66, 77
VICS情報……136
VICSセンター……60, 61
VW……51

ア行

アイサイト……138, 139, 141, 155
アイディアル (I.D.E.A.L.)……38
アウディ……50, 52
赤い彗星……147
アキュラ……32, 35, 37, 108
アクセラ……14, 142, 143
アクティブ・ドライビング・アシスト……138
憧れ……148
浅沼萬里……77
新しい価値の創造……41
アフターサービス……150, 151
アフターサービスパック……153, 155
アムロ……147
アメリカ……34, 35, 52, 108
アルト……144
安心と愉しさ……139, 140
安全・経済性能……95
安全性……65
安全なクルマ……140

維持費が安い……95
一家に1台……31
いつかはクラウン……40
いつかはレクサス……48
イメージアップ……51
イメージ戦略……30
イメージダウン……50
インターナビVICS……74
インターナビプレミアムクラブ……136
インターネット……5, 7, 10, 15, 17, 25, 31, 88, 89, 96, 100, 111, 115, 136, 154
インターネット社会マーケティング……80
インターネット情報革命……101
インターネットマーケティング部……11
インフィニティ……35, 108
インプレッサ……141

ウェブチューンファクトリー……11-15, 17-20, 22, 23, 25, 154
運転免許保有者数……108, 110

営業員……149, 150, 152
営業員の対応……124, 150
エリアマーケティング……49
エル・フィネス (L-finesse)……38
エントリー世代……81, 82, 87-89, 92, 94, 96, 101, 107, 110, 112, 115, 116, 120, 121, 123, 124, 128, 130, 134, 137, 141, 143, 144, 148, 149, 152, 154, 155

オーダーエントリーシステム……3, 57
オートバイテル……17
おしゃれ感……128
お台場学園祭……115
お店での対応 (営業員以外の対応)……124
お店の入りやすさ……124
思い……148
おもてなしの心……34, 52
親や兄弟……90
オリジナルモデル……143
オンライン効果……126
オンラインサービス……68
オンライン・マーケティング……80

カ行

カーナビゲーションシステム (カーナビ)……58, 61, 62, 68, 72, 73, 76, 77, 83, 87, 96-98, 101, 135-137, 144, 154, 155
カーナビ装着率……75
カーライフサポート……84, 155
外観・スタイル……44, 45
価格……64, 65
価格が安い……95
価格設定……154
価格比較サイト……121
拡張用期待……101
拡張用途……95

拡販可能性……76
カスタマイズ……11, 13, 19, 20, 22, 24
カスタマイズサービス……17
カスタマイズ戦略……4
カスタマイズニーズ……13, 14
化石燃料……137
家族からの口コミ……152
ガソリン……143
ガソリン価格高騰……31, 52, 106, 134
カテゴリー価値戦略……85
カフェのようなおもてなし……94
カフェプロジェクト……93, 99, 146, 151, 154
カラーバリエーション……129
カローラ……42
カロッツェリア……97
感覚的……124
環境汚染……57
環境技術……31
環境性能向上……107, 135
環境対策……32
環境問題……65

技術革新……134
技術はここまできたか……96
希少性……147
機動戦士ガンダム……147
機能……44, 124, 148
業販店……151
居住性……44
金銭的コスト……138

クーマー（Kumar, N.）……24, 49, 111
口コミ……122, 125, 127, 129
口コミサイト……88, 91
口コミツール……130
クラウンマジェスタ……68
クラリオン……97
クリーンディーゼルエンジン……66
クルマ市場……82
車専門雑誌……125
クルマに感じるベネフィット（価値）の薄れ……134
クルマのベネフィット……139
クルマの魅力……115
クルマ離れ……81, 116, 121
車保有負担を軽減……152
グローバルスタンダード……57
グローバルブランド……39
グローバルプレミアムブランド……37, 38

経験価値戦略……85
軽自動車……31, 57, 72, 73, 75, 76, 91, 94, 95, 98, 107, 117, 118, 129, 143, 144, 146, 154
軽自動車のメーカー……118
携帯電話……9, 15, 57, 73, 80, 82, 83, 87, 92, 98, 122, 137
限定されたメディア……147

好意的ブランドイメージ……111
高級車……51
高級車市場……33
高級車専売店舗……42
高級車ブランド……35, 37, 108
高級ブランドアキュラ……32
高級ブランドレクサス……32, 33
公共交通機関……115
交通事故……65
交通事故の増加……57
交通事故を回避するための装備……139
購入阻害要因……96, 134
効用……107, 135
小型車……31, 107, 129
顧客囲い込み……67
顧客価値……24, 127, 130, 138
顧客価値の創造……113
顧客データ……151
顧客データの管理……150
顧客との関係性……153
顧客ニーズ……24, 134
顧客に提供する価値……139
顧客のコスト……49
顧客の収益……49
顧客のリスク……49
顧客満足……3, 19
顧客満足向上……3, 129
顧客満足度……40

国内市場の縮小……110
コスト……84, 138, 153
コストダウン……77
コストや労力などの障害の高まり……134
こだわり……148
魂動……143
小回りが効く……95
コラボレーション……147
コンタクトチャネル管理……112
コンパクトカー……91

サ行

サービス……149
最高の商品……37, 38
最高の販売・サービス……37, 38
最先端の技術……33
雑誌……90, 121
ザッツ……75
サプライズ……100
差別化
……23, 33, 35, 68, 72, 76, 85, 108, 136, 137
斬新なデザイン……33
残高設定クレジット……152, 153, 155
サンヨー……97

視覚的……143, 155
時間的コスト……138
時間的制約の緩和効果……126
自己表現……88
市場参入戦略……85
市場のコモディティ化……85
自動化……107, 135
自動車購入層……16
自動車ディーラーのショップスタッフ……90
自動車保険「PAYD」……71
自動車マーケティング……3, 4
自動車マーケティング戦略……44, 56, 59
自動車メーカーのトップ……148
自動車流通戦略……9, 24
自動操縦……95
自動操縦期待……101
自動料金収集システム……62
市販カーナビ……84, 98
自分が乗る車ではない……120
ジムニー……97
シャア……147
シャア専用ザク……147
社会の情報化……5
自由自在……88
渋滞……65
生涯顧客満足……72
少子高齢化……81, 110
商談スペース……99
衝突回避技術……155
商品戦略……66
情報アクセス……95
情報アクセス期待……101
情報化……107, 135
情報収集ツール……111
情報提供……24, 25, 93, 111, 154
情報発信……14, 89, 94, 114, 129, 155
情報発信ツール……111, 123
情報発信補助ツール……2
女子改……128, 129
初心者向き……95
女性客（女性顧客）……93, 98, 100, 154
女性客への配慮……151
女性向き……95
人的情報……125

水平対向エンジン……141
スカイアクティブテクノロジー……143, 155
スズキ……91-93, 95, 97, 118, 120, 128, 136, 143, 144, 146
鈴木修……97
スバル（富士重工業㈱）……139, 140, 155
スバルの安全性……138
スピード技術……31
スペーシア……136
スペシャリティ……35, 36
スポーツカー……35
スマートウェイ推進会議……76
スマートフォン（スマホ）
……4, 115, 126, 136, 137, 144, 154
スマホの進化……137
スモールストア……129

精神的コスト……138
製品戦略……85
世界市場……106
セカンドカー……75
セグメンテーション……112
ゼスト……75
セダン……35, 36, 42
セレモニースペース……46
先見性……23
全国軽自動車連合会……75
センチュリー……40
羨望……148
全方位追突回避……140

走行……88
相乗効果……149
ソーシャルネットワーキングサービス（SNS）……126
即時レスポンス効果……126
ソフトバンク……82

タ行

ターゲティング……112
耐久消費財支出……47
第三者が評価した情報……125
大衆車……56
大衆ブランド……108
対等のパートナー……44
ダイハツ……91-93, 95, 97, 100, 118, 128, 129, 140, 145, 146, 151
ダイハツカフェ……92, 129
大ブレーク……127
ダイムラークライスラー……51
出し惜しみ……50
誰の方に向いて商売するのが得か……100
男性セールスマン……94
タント……97, 145
端末化/IT化……68

地球環境性能……95
地球環境や社会に対する負担意識の高まり……134
知人・友人……90
中古車……152
ちょこっとお出かけ保険……71

ツイッター……126, 127, 130
通信機能……98
通信機能あり……84
通信機能なし……84

ディーゼル……143
ディーゼルエンジン……30
ディーラー……25, 34, 41-43, 53, 64, 82, 93, 94, 98, 99, 102, 124, 130, 146, 149, 152, 153, 155
ディーラー系列化……5
ディーラースタッフ……152
ディーラーでの人的販売……125
ディーラーでの対応……150
ディーラーの入りやすさ……150, 151
ディーラーの雰囲気……150, 151
ディーラーのホームページ……121, 123
ディーラー変革……151
ディーラーを身近に感じてもらう……101
低価格化……83
データコミュニケーションモジュール（DCM）……70
データベース化……34
デザイン……64, 65
デザインコンセプト……143
デジタルマーケティング……114, 127
デトロイト……106
デミオ……12-14, 22, 23, 25, 142, 143
テレビCM……93, 114, 116, 121, 123, 125, 138, 155
電気自動車……81
店頭購入……88
電波ビーコン……61, 62
店舗改善……146
店舗配置……99
店舗誘導効果……126
店舗を大型化……151

統一デザイン……143
東京モーターショー……115, 130

道路交通情報通信システム……60
道路システム高度化推進機構（ORSE）…63
独自価値（先発）戦略……85
独自の魅力の付与……49
特別仕様車シャア専用オーリス……147
特別なカラーリング……147
特別な感じ……50
隣の芝は良く見える……52
トヨタ……31, 32, 42, 51, 53, 68, 72, 73, 75-77, 84, 108, 136, 140, 142, 147, 155
豊田章男……114
トヨタカード……67
トヨタグループ……140
トヨタ系ディーラー……42
トヨタ生産システム……57
トヨタブランド……40, 72
トヨペット……42
ドライビングサポート……84
ドラえもんシリーズ……112

ナ行

何だトヨタじゃないか……51

ニッサン……108
日産……142
日本自動車工業会……2, 81, 87, 107
日本独自の規格車……94
日本の流儀……35

ネッツ……42
燃費……44, 45
燃費が良く，環境にも優しい……113
燃料電池車……30, 57, 81

ハ行

バーチャル……102
バーチャルなコミュニケーション……124
パイオニア……97
ハイブリッド……37, 143
ハイブリッド車……30, 37, 51, 57, 66, 81, 107, 108, 113, 114, 117
ハイブリッド専用車……66
ハイブリッドブランド構築……114
走り……76
バリューチェーン拡大……67
パワーリッチ……48
販売奨励金……73
販売台数を限定……147

東日本大震災……134
光ビーコン……61, 62
ビスタ……42
標準装備化……77
品質価値戦略……85

フィット……73
フェイスツーフェイス……149, 152
フェイスブック……126, 127, 130
フォーミュラ1（F1）……30
フォレスター……141
フォローアップ……82
付加価値……34, 68, 83
付加価値戦略……58
負担……135
プチリッチ……48
普通車（5ナンバー車）……117, 144
富裕層……34, 48, 50, 52, 77
プライベート空間……88
ブランディング……148
ブランド……117
ブランドアイデンティティ……33
ブランドイメージ……30, 45, 116, 129, 140, 155
ブランドイメージ向上……30-32
ブランドイメージ構築……89, 117
ブランド戦略……51, 154
ブランドは人だ……45
ブランドロイヤリティ……3
プリウス……107, 108
フルライン……57, 76
プレミアム感……33, 37
プレミアムクラブ……73, 74
プレミアムサービス……34, 35
プレミアムブランド……38, 39, 41
ブロードバンド……9
ブロードバンド環境……2, 6

プローブ情報……136, 155
ブログ……126
フロントグリル……143

ベネフィット……138, 153
ベリーサ……14

ホームページ（HP）……80, 91, 114, 155
ホームページ情報発信……154
ポジショニング……112
ポジティブイメージ……117, 118, 120
ホスピタリティ感……51
ボディ形状……35
ホンダ……31, 32, 72-76, 84, 108, 118, 120, 128, 129, 136, 142, 144, 155
ホンダブランド……51

マ行

マーケットリサーチ……81
マーケティング戦略……112, 134, 143
マーケティング戦略策定……112
マーケティング戦略ツール……2, 7
マーケティングツール……80, 85, 101
マーケティング・販売活動……12
マイペースな生き方……87
マスカスタマイゼーション……123
マツダ……4, 11, 12, 15, 17, 19, 23, 25, 142, 143, 154, 155
マツダデザイン……155
マップオンデマンド……71
マルチメディア車載端末……67

見せびらかしたい相手……50
三菱（三菱自動車）……140
ミライース……145
ミラムーヴ……145
魅力的な外観……95
魅力的な情報……128

ムーヴ……97

メーカー以外が運営している企業のサイト……90
メーカー純正カーナビ……84
メーカーによる情報戦略……125
メーカーの公式サイト……90, 91
メーカーのホームページ……121, 123
メーカーのホームページ情報……124
メモリータイプ……98
メルセデス（メルセデスベンツ）……33, 47, 46, 50, 52, 86
メルセデスケア……46
免許取得……111
メンテナンスのわずらわしさ……153

モーターショー……81
モデルチェンジ……65
モバイル経済学……80
モバイルサイト……122
モバイルツール……87, 98
モバイル・マーケティング……80, 86, 122
モバイル・マーケティング論……85
モビルスーツ……147

ヤ行

ユーザー……64
友人からの口コミ……152
ゆがみなく……148
ユビキタスITS……63

良いモノ＝強いブランド……40

ラ行

ライフ……75, 144
ラパン……144

リーマンショック……32, 80, 106, 134
リコール……50
流通情報革命……126
流通チャネル管理……112
リレーションシップ構築……3
リレーションシップマーケティング……112, 127

ルーベンスタイン（Rubenstein, M.J.）……4, 31

レヴォーグ……139
レガシィ……138, 141
レクサス……32-35, 37, 40, 42, 45-53, 72, 85, 86, 108, 140, 154
レクサスES300, 日本名ウインダム……39
レクサスLS400……33
レクサスMUSTs（マスツ）……38, 39, 45
レクサスオーナーズ自動車保険……47
レクサスオリジナルサービス……47
レクサスディーラー……42
レクサストータルケア……38, 45-47, 49
レクサスブランド……37
レクサスライフ……42
ロイヤリティ構築……22
ロードスター……12-14, 20, 22, 23, 25, 143, 155
ロールスロイス……33, 86

ワ行

若者ターゲット効果……126
ワゴンR……97, 144
ワゴンRスティングレー……144
わずらわしさの（を）軽減……153, 155
渡辺捷昭……37
ワンプライス……101

《著者紹介》

吉川　勝広（よしかわ　まさひろ）

1965年，熊本県荒尾市生まれ。
九州大学大学院比較社会文化研究科博士課程修了，博士（比較社会文化）。大学職員を経て，現在，熊本学園大学商学部教授。
主な著書に，『自動車流通システム論』（同文舘出版，2012年）などがある。

平成27年2月20日　初版発行
令和4年8月31日　初版3刷発行

《検印省略》
略称―自動車マーケ

自動車マーケティング
－エントリー世代とクルマの進化－

著　者　吉　川　勝　広
発行者　中　島　治　久

発行所　同文舘出版株式会社
東京都千代田区神田神保町1-41　〒101-0051
電話 営業(03)3294-1801　編集(03)3294-1803
振替 00100-8-42935
http://www.dobunkan.co.jp

製版：一企画
印刷・製本：萩原印刷

ISBN 978-4-495-64701-8